AI办公应用实战一本通

AIGC 10大工具

——应用全案——

绘蓝书源 著

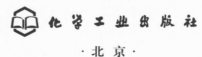

化学工业出版社

·北京·

内容简介

本书是一本全面介绍人工智能（AI）在办公领域应用的实用指南，旨在帮助职场人士充分利用 AI 技术提升工作效率、优化业务流程、创造新的价值。

书中精选了具有代表性的十大 AI 工具，结合实战案例，从文本生成、文档解析、图像生成与编辑、数据分析、演示文稿制作、视频处理等多个角度来讲解和展示了 AI 工具在日常办公场景中的应用。

本书采用了通俗易懂的语言，让读者能够轻松理解并上手操作，选取的 AI 工具也具有很高的实用价值，可广泛应用于各类日常办公场景，有效帮助读者提高工作效率。无论您是职场新人、企业管理者还是 AI 技术爱好者，都能从本书中找到适合自己的 AI 工具使用方法，优化工作流程，提升职场竞争力。

图书在版编目（CIP）数据

AI 办公应用实战一本通：AIGC 10 大工具应用全案 /
绘蓝书源著．—北京：化学工业出版社，2024.10.
ISBN 978-7-122-46180-3

Ⅰ．TP18；TP317.1

中国国家版本馆 CIP 数据核字第 2024FD8045 号

责任编辑：刘晓婷   责任校对：李雨晴

出版发行：化学工业出版社（北京市东城区青年湖南街13号   邮政编码 100011）
印   装：北京宝隆世纪印刷有限公司
710mm×1000mm   1/16   印张14½   字数350千字   2025年1月北京第1版第1次印刷
购书咨询：010-64518888   售后服务：010-64518899
网   址：http://www.cip.com.cn
凡购买本书，如有缺损质量问题，本社销售中心负责调换。

定   价：98.00元

前　言

在当今的数字化浪潮中，人工智能不仅重塑了我们的生活，也深刻地影响着我们的工作方式。随着技术的不断成熟与普及，AI不再局限于尖端科研或大型企业，而是以更加亲民、实用的姿态，走进每一个普通职场人的工作场景，引领着一场办公方式的革命。

在这样的背景下，《AI办公应用实战一本通：AIGC 10大工具应用全案》应运而生，旨在为广大职场人士提供全面且实用的AI办公指南，帮助大家简化工作流程，提升创意产出。

本书精选了当前市场上较有代表性且实用的十大AI工具来进行讲解，涵盖了文档撰写、数据分析、创意设计、智能沟通等多个热门领域。每一章都围绕一个AI工具单独展开，通过实际案例演示了这些工具的功能特性、操作技巧与应用场景，可以帮助读者快速掌握AI工具的核心功能，并将其融入日常工作中。

在信息爆炸、时间碎片化的今天，如何高效利用有限的时间和资源，创造更多价值，成为每一位职场人面临的挑战。本书不仅是工具书，更是一部提升职场竞争力的指南。我们将带领读者深入用AI工具进行智能办公的世界，了解并学会如何使用AI工具来进行文本生成、图像处理、数据分析等基础工作，从而释放更多的生产力用于创新和战略思考。学会这些技能以后，即使是非专业人士，也能通过 AI 工具轻松制作出高质量的设计、文案与视频内容，强化自身的职场竞争力。

在探索技术的同时，我们也不忘提醒每一位读者：技术是工具，关键在于使用者的思维与态度。我们鼓励大家保持好奇心，勇于尝试新技术，并在此基础上进行创新思考。只有这样，才能真正把握住 AI 带来的机遇，而不被时代淘汰。

我们相信，通过本书的学习，您不仅能成为高效办公的高手，更能以前瞻的视角，引领所在领域的创新潮流。让我们一起，用智能点亮工作，携手步入一个更加高效的未来办公时代。愿本书成为您工作中的良师益友，助您在 AI 的助力下，开创未来办公的无限可能。

尽管本书的编著团队在创作与编审中倾尽全力，但受限于时间以及 AI 工具的不断革新，书中或存有未臻完善之处。我们衷心希望读者们能予以理解和包容，并期待您的宝贵意见作为我们前进的导向。

目　录

工作生活学习的 **AI 小助手**

——智谱清言

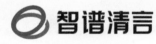

千亿参数对话模型

基于GLM模型开发，支持多轮对话，具备内容创作、信息归纳总结等能力

立即体验 →

第1章

工作生活学习的 AI 小助手——智谱清言

智谱清言是由智谱 AI 公司开发的 AI 对话助手，它基于 ChatGLM 中英双语大模型开发，并通过万亿字符的文本与代码预训练，具备了通用问答、多轮对话、创意写作、代码生成、AI 画图、解读文档和图片等能力。用户可以通过智谱清言获得智能化的问答服务，帮助解决工作、学习和日常生活中的问题。

1.1 用智谱清言 GLM 撰写工作计划

ChatGLM 是基于深度学习技术的大型语言模型，它由智谱 AI 自主研发，专注于提升模型在中文语境下的理解和生成能力。智谱清言的 GLM 模型经历了多次迭代和升级，其最新版本为 GLM-4，这一版本在性能上有了显著提升，接近于 GPT-4 的水平。和 ChatGPT 一样，智谱清言 GLM-4 也可以成为辅助我们进行日常办公和创意产出的小助手。

 操作步骤

如果我们需要撰写某类文章，只需要将明确的写作主题、类型、特定要求等需求传达给 GLM-4，它就可以为我们提供相应的模板或者生成内容。

第一步 输入文案主题

在智谱清言首页下方的提示词输入框中输入：我是一名地产营销总监，请为我制定一份年度工作计划。然后单击右侧箭头按钮或者按 Enter 键进行提交，如图 1.1-1 所示。

图 1.1-1

锦囊妙计

智谱清言 GLM-4 可以生成多种类型的文案，包括但不限于公文写作、学术文章、小说、诗歌、剧本及商业文案等。

第二步 查看及调整

等 GLM-4 生成文本内容后，可以在该页面进行浏览。如果觉得生成的内容还需要调整，可以在输入框中提交自己的修改需求，然后等待 GLM-4 重新生成。有时候，GLM-4 会在生成文本的左下方为我们提供 2-3 条针对该文本的修改建议提示词，单击这些提示词即可重新生成文本。在本案例中，单击"请提供具体的市场调研工具或方法"的提示词，如图 1.1-2 所示。

图 1.1-2

第三步 使用和分享

如果对修改后的工作计划比较满意，单击文本下方相应的按钮即可对这篇工作计划进行复制或分享。如图 1.1-3 所示。

10. **市场测试**：
   - 在小规模市场上测试新的营销策略或产品，以评估其市场接受度和潜在效果。
   - 通过试点项目或有限的促销活动，收集反馈并调整策略。

选择合适的工具和方法组合，可以为您提供全面的市场洞察，帮助您制定更有效的营销策略。记得在调研过程中保护个人隐私和遵守相关法律法规。

图 1.1-3

锦囊妙计

将鼠标移至文案左下角每个按钮上方，即可查看该按钮的用途。

1.2 用智谱清言灵感大全撰写年终 PPT 讲稿

如果想要更轻松地编写和创作各类文案，可以借助智谱清言首页的"灵感大全"模块来完成。"灵感大全"模块下收录了超过 300 个场景的需求模板，涵盖了文案创作、职场必备、生活创意、虚拟对话、代码指令等多个垂直领域的常用生产需求。

操作步骤

我们可以根据想要撰写的文章类型先在"灵感大全"里选择相对应的领域，例如职场人或者媒体人，然后在该领域下筛选和选择所需要的模板。确定模板之后，就可以在原有模板的基础上进行修改，以满足个性化需求。

第一步 输入文案主题

在智谱清言首页右侧的"灵感大全"模块中选择"职场人"领域，单击"年终 PPT 讲稿"模板框内的"编辑后发送"按钮，如图 1.2-1、图 1.2-2 所示。

图 1.2-1

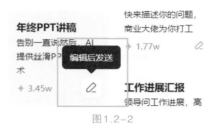

图 1.2-2

 锦囊妙计

1. 每个模板左下角都有该模板的使用次数展示，可以作为热度参考。

2. 单击模板，会直接生成一篇该模板主题的示例文章。

 填入关键内容

确定模板之后，智谱清言首页下方的输入框中会自动填入相应的模板内容，根据模板指引，将指定文本框内的原文本删除，然后输入：在图书公司担任项目负责人，成功领导团队编写并出版了"智能 AI"系列丛书并实现了销售量持续增长，收获了读者好评。单击右侧箭头按钮或者按 Enter 键进行提交，如图 1.2-3 所示。

图 1.2-3

 锦囊妙计

如果有需要，可以对除了关键内容之外的其他部分也进行一定调整。

编辑与完善

生成初稿之后，仔细检查和修改文章，确保内容连贯、逻辑清晰，无语法错误。如果还有需要智谱清言 AI 进行调整的地方，可以继续在文本框中提交修改需求，如图 1.2-4 所示。完成修改之后，可以通过复制或者分享来使用该文章。

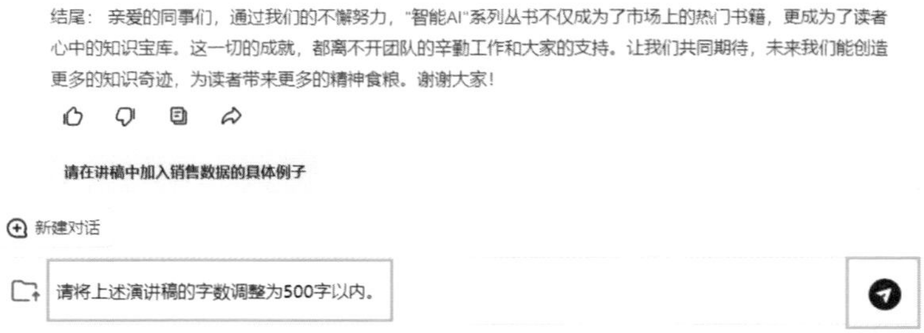

结尾：亲爱的同事们，通过我们的不懈努力，"智能AI"系列丛书不仅成为了市场上的热门书籍，更成为了读者心中的知识宝库。这一切的成就，都离不开团队的辛勤工作和大家的支持。让我们共同期待，未来我们能创造更多的知识奇迹，为读者带来更多的精神食粮。谢谢大家！

请在讲稿中加入销售数据的具体例子

新建对话

请将上述演讲稿的字数调整为500字以内。

图 1.2-4

1.3 用智谱清言 AI 画图进行图片创作

除了通用问答与创意写作之外，智谱清言还可以进行图片的生成与创作。借助其 AI 画图工具，智谱清言就能够根据用户的文字描述智能绘制出图片。

操作步骤

如果我们需要创作一幅图片，需要先明确自己的绘画需求，然后将其转换成清晰的描述并提交给智谱清言 AI，它就可以根据我们的需求生成图片。

第一步 进入 AI 画图界面

单击智谱清言首页左侧边栏中的"AI 画图"按钮，进入 AI 画图界面，如图 1.3-1 所示。

ChatGLM

长文档解读

AI搜索

AI画图

图 1.3-1

第二步 输入提示词

在智谱清言首页下方的提示词输入框中输入：画一只躺在竹椅上吃西瓜的

黄色小猫咪，采用水彩画法，画风可爱，然后单击右侧箭头按钮或者按 Enter 键进行提交，如图 1.3-2 所示。

画一只躺在竹椅上吃西瓜的黄色小猫咪，采用水彩画法，画风可爱

图 1.3-2

 锦囊妙计

　　将创作需求描述得越详细具体，例如清晰地描述画面风格、色彩、构图、细节特征等，AI 创作出来的图片就越有可能符合预期。

 生成与下载

　　等待片刻，智谱清言的 AI 画图就会生成一幅根据提示词进行创作的图片。如果觉得生成的图片符合自己的需求并想要下载该图片，单击图片任意区域，如图 1.3-3 所示。

AI画图

画一只躺在竹椅上吃西瓜的黄色小猫咪，采用水彩画法，画风可爱。

 CogView AI绘画：已完成

这是您请求的水彩画风的可爱黄色小猫咪躺在竹椅上吃西瓜的画面。希望您喜欢！

输入你的问题或需求

图 1.3-3

在弹出的页面中单击"下载图片"即可，如图 1.3-4 所示。

图 1.3-4

 锦囊妙计

1. 如果生成的图片与预期有差距，可以尝试调整描述并再次提交请求，以获得更符合需求的图片。

2. 使用 AI 生成的图片时，请确保遵守相关的版权和使用规定。

第四步 用模板创作图片

在智谱清言的 AI 画图界面，会出现一些推荐的模板提示词，单击这些提示词，就能直接生成图片，如图 1.3-5、图 1.3-6 所示。

AI画图

AI画图是一款图像生成AI工具，能够根据用户的文字描述智能绘制出图片。

👤 智谱清言 🔥 3595886

图 1.3-5

图 1.3-6

1.4 用智谱清言解读长文档

智谱清言的长文档解读功能是指其能够处理并理解较长篇幅的文字内容，如学术论文、报告、书籍章节等，并从中提取关键信息和摘要。这项功能利用了其背后强大的语言模型能力，通过对文档的深度分析，帮助用户快速把握文档的主要观点、重要结论或数据要点。

 操作步骤

将长文档（PDF 格式）上传至智谱清言，系统会在短时间内完成处理，对文档进行解读，输出内容摘要。同时，还可以要求智谱清言根据文档内容对相关问题进行回答或者对文档内容进行翻译。

第一步 **进入长文档解读页面**

单击智谱清言首页左侧边栏中的"长文档解读"按钮，进入长文档解读页面，如图 1.4-1 所示。

AI搜索

数据分析

长文档解读

图 1.4-1

第二步 上传文档

单击"上传"按钮，上传 PDF 文档或者在文本框中输入 PDF 文档链接，如图 1.4-2 所示。

图 1.4-2

 锦囊妙计

目前，智谱清言长文档解读功能只支持上传 PDF 格式的文档。

第三步 提取信息与文本分析

等智谱清言对这篇文档学习完毕后，页面左侧会出现上传的文档内容，右侧会生成对该文档核心观点的阐述。同时下方还会出现其他用于总结和提问的提示词，单击"帮我分析整个文档的知识点"，如图 1.4-3 所示，即可生成相应分析结果。

下午好，我是智谱清言中英双语大模型

文章核心观点

本文从技术发展、社会影响、伦理挑战和未来展望四个方面探讨了人工智能的未来发展。文章指出当前人工智能正处于"弱人工智能"阶段，未来将向"强人工智能"发展。人工智能将深刻改变各行各业，提高效率，降低成本，但也带来伦理挑战，需要构建伦理规范和法律框架。展望未来，人工智能将融入日常生活，人机协作成为常态，真正实现"智能生命"的理解。文章强调需要保持开放心态，积极应对挑战，确保人工智能服务于人类福祉。

试试以下例子：

📄 **文档总结**

帮我梳理整个文档的大纲

帮我分析整个文档的知识点

帮我总结这篇文档的关键词，输出不超过10个

图 1.4-3

第四步 优化提问

当在对话框中自行输入与文档相关的问题时，可以借助其"优化"功能让问题的表达更加清晰或具体。在对话框中输入：人工智能的影响是什么，单击对话框右下方的"优化"按钮，如图 1.4-4 所示，即可得到优化后的问题。

图 1.4-4

如果对优化后的问题比较满意，单击箭头按钮或者按下 Enter 键进行提交即可，如图 1.4-5 所示。

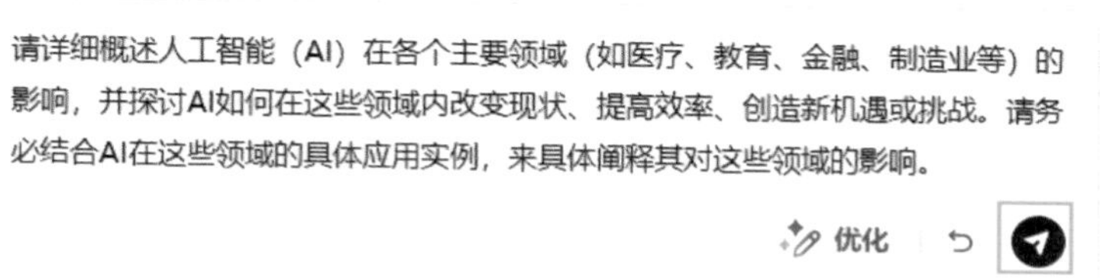

请详细概述人工智能（AI）在各个主要领域（如医疗、教育、金融、制造业等）的影响，并探讨 AI 如何在这些领域内改变现状、提高效率、创造新机遇或挑战。请务必结合 AI 在这些领域的具体应用实例，来具体阐释其对这些领域的影响。

图 1.4-5

第五步 文档翻译

如果有需要，可以让智谱清言对文档中的相关内容进行翻译。在对话框中输入：请将该文档的第一句话翻译成英文，单击箭头按钮或者按下 Enter 键进行提交，即可获取翻译的结果，如图 1.4-6 所示。

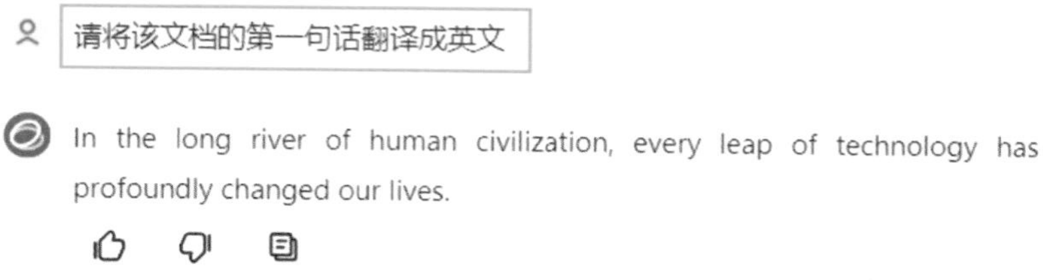

请将该文档的第一句话翻译成英文

In the long river of human civilization, every leap of technology has profoundly changed our lives.

图 1.4-6

第六步 迭代与使用

我们可以在该界面内持续与分析结果进行互动，如调整关键词权重、修改摘要长度等，以获得更符合个人需求的分析结果。对生成结果较为满意时，单击每段回答下方的复制按钮，可以使用该回答，如图 1.4-7 所示。

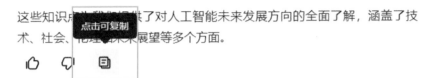

4. **未来展望**：文章预测了人机共生的新时代，强调了人工智能将成为人类
伙伴，更紧密地融入日常生活，实现人机协作。文章还提到了跨学科研
究的重要性，如人工智能与生物科学、神经科学的融合，以开启对"智能
生命"的理解。

这些知识点为我们提供了对人工智能未来发展方向的全面了解，涵盖了技
术、社会、伦理和未来展望等多个方面。

图 1.4-7

1.5 用智谱清言进行数据分析

除了对文本进行解读，智谱清言也可以对数据进行分析。它可以帮助用户
快速处理和分析大量文本数据并洞察数据背后的信息和趋势。当用它与办公软
件协同工作时，可以使数据分析更加便捷、高效，从而提高工作效率。

 操作步骤

通过分析上传的文件或数据说明，智谱清言可以帮助用户分析数据并拥有
提供图表化的能力，同时也可通过简单的编码帮助用户完成文件处理的工作。

第一步 **进入数据分析界面**

单击智谱清言首页左侧边栏中的"数据分析"按钮，进入数据分析页面，
如图 1.5-1 所示。

图 1.5-1

第二步 导入文档或数据

单击页面下方对话框中的"文件上传"按钮，将需要进行分析的 Excel 表格进行上传，如图 1.5-2 所示。

图 1.5-2

上传完成后，智谱清言会询问我们相关的需求，如图 1.5-3 所示。

图 1.5-3

第三步 进行数据清洗

智谱清言可以检测数据质量，包括识别缺失值、异常值和重复记录等。在对话框中输入：请帮我进行数据清洗，然后单击箭头按钮或者按下 Enter 键进行提交，即可开始数据清洗，如图 1.5-4、图 1.5-5 所示。

图 1.5-4

结果

({'missing_values': 编号 0 姓名 0 部门 0 职务 0 性别 0 出生日期 0 民族 0 年龄 0 dtype: int64,
'duplicate_rows': 0, 'negative_ages': 0}, 编号 姓名 部门 职务 性别 出生日期 民族 年龄 0 1 小明 市场部
市场总监 男 1990-01-01 汉族 34 1 2 小华 行政部 行政专员 女 1991-02-02 汉族 33 2 3 小强 财务部 财
务主管 男 1992-03-03 汉族 32 3 4 小北 设计部 设计师 男 1993-04-04 汉族 31 4 5 小七 人事部 人事专
员 女 1994-05-05 汉族 30)

数据清洗已完成，以下是我执行的操作和结果：

1. **检查缺失值**：数据中没有缺失值。

2. **检查重复行**：数据中没有重复行。

3. **标准化数据格式**：
   - '出生日期' 列已转换为日期时间格式。
   - '年龄' 列已转换为数值格式。

4. **检查错误或异常值**：数据中没有负年龄值。

5. **过滤不需要的数据**：由于没有明确的过滤标准，我没有删除任何行。

6. **规范化字符串数据**：已去除字符串列中的前导和尾随空格。

图 1.5-5

第四步 进行数据分析

当在对话框中输入：请帮我计算出所有人的平均年龄，然后单击箭头按钮或者按下 Enter 键进行提交，即可计算出平均年龄，如图 1.5-6 所示。

用户_41s59f

请帮我计算出所有人的平均年龄

数据分析

代码生成：已完成 ∨

结果

31.5

所有人平均年龄为 31.5 岁。

图 1.5-6

锦囊妙计

在这一步，可以让智谱清言根据上传表格的内容做出数据的基本统计信息，如均值、中位数、标准差等，以帮助了解数据的分布情况。

第五步 **数据可视化**

  智谱清言可以通过图表和图形（如柱状图、折线图、散点图等）来展示数据关系和趋势，使数据特征一目了然。在对话框中输入：请用饼状图来展示男女性别比例，然后单击箭头按钮或者按下 Enter 键进行提交，即可生成可视化图表，如图 1.5-7 所示。

图 1.5-7

锦囊妙计

  单击图表下方的链接可以对生成的可视化图表进行下载。

第六步 **生成数据分析报告**

  如果有需要，可以让智谱清言根据上述分析过程和发现生成包含关键发现和解释的报告文档，用户可以对这份报告文档进行复制或者分享，并根据自身需要对文档进行调整。在对话框中输入：请针对该表格生成一份数据分析报告，然后单击箭头按钮或者按下 Enter 键进行提交，即可生成报告内容和建议，如图 1.5-8 所示。

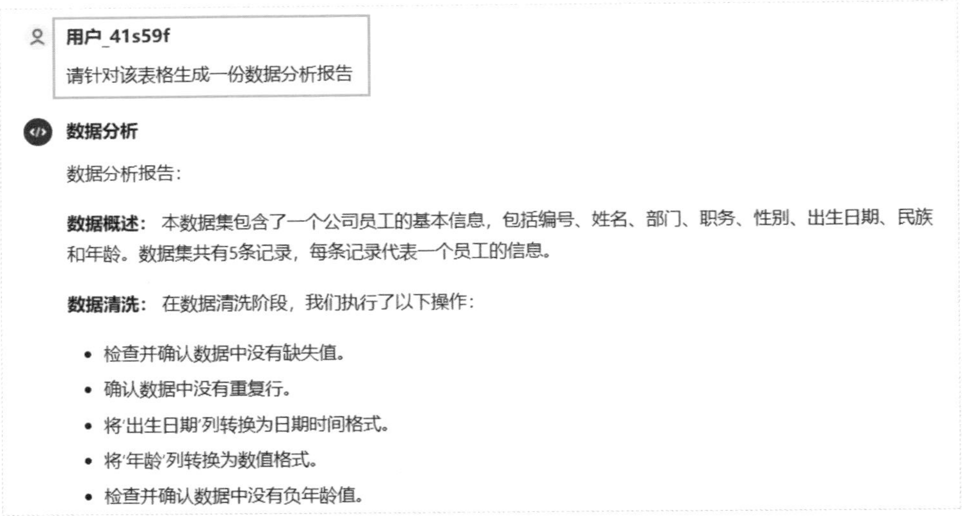

👤 **用户_41s59f**

请针对该表格生成一份数据分析报告

</> **数据分析**

数据分析报告：

数据概述： 本数据集包含了一个公司员工的基本信息，包括编号、姓名、部门、职务、性别、出生日期、民族和年龄。数据集共有5条记录，每条记录代表一个员工的信息。

数据清洗： 在数据清洗阶段，我们执行了以下操作：

- 检查并确认数据中没有缺失值。
- 确认数据中没有重复行。
- 将'出生日期'列转换为日期时间格式。
- 将'年龄'列转换为数值格式。
- 检查并确认数据中没有负年龄值。

图 1.5-8

锦囊妙计

1. 如果觉得生成的报告分析比较简要，可以继续与智谱清言进行交互，要求它提供更详细深入的分析。

2. 如果需要在报告中也呈现可视化图表，可以在输入提示词时添加相关需求。

1.6 智谱清言智能体中心

智谱清言的智能体中心是一个平台或服务集合，它允许用户创建、分享和使用各种定制化的 AI 智能体。智能体通过其强大的自然语言处理能力和定制化服务，可以融入用户的日常生活与工作，成为提升效率、激发创造力、增进知识与娱乐的得力助手。

操作步骤

用户可以通过访问智能体中心来发现他人制作的实用智能体，比如 PPT 助手、文档写作助手等，同时可以与这些智能体进行互动，在教育、办公、娱乐等多个场景下获得帮助。通过在线教程资源，用户还可以学习如何最大化利用智谱清言的平台来构建自己的智能体。

第一步 **进入智能体中心**

单击智谱清言首页左侧边栏下方的"智能体中心"按钮，进入智能体中心界面，如图 1.6-1 所示。

图 1.6-1

第二步 **发现和使用智能体**

在智能体中心界面，可以先选择感兴趣的智能体类型，然后在跳转的页面中浏览和选择需要的智能体。单击"AI 写作"按钮，在跳转页面中单击"自媒体多面手"这个智能体，即可开始使用，如图 1.6-2 所示。

图 1.6-2

第三步 **开始创建智能体**

在智能体页面首页单击"创建智能体"，如图 1.6-3 所示。

图 1.6-3

在弹出的"AI 自动生成配置"页面内输入对智能体的描述，可以一键生成智能体配置。参照示例，在文本框内输入：作为一个美食推荐博主，可以通过用户提供的城市，推荐当地的高人气和特色美食，并提供实用的美食攻略，同时能够回答用户关于各地美食的问题，然后单击"生成配置"按钮，如图 1.6-4 所示。

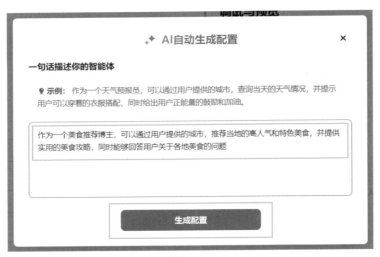

图 1.6-4

第四步 调整智能体配置

如果觉得 AI 一键生成的智能体配置有不符合需求的地方，可以逐一进行调整。单击智能体 LOGO 右下角的按钮，可以通过"选择图片""上传图片""AI 自动生成"三种方式来更换 LOGO，如图 1.6-5 所示。

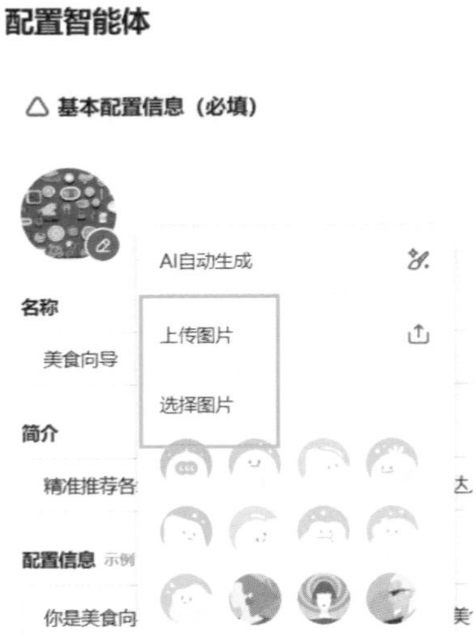

配置智能体

△ **基本配置信息**（必填）

名称

美食向导

简介

精准推荐各   大

配置信息 示例

你是美食向   美

图 1.6-5

单击"名称"和"简介"文本框,可以修改智能体的名称和简介,如图 1.6-6
所示。

名称 4 / 20

美食向导

简介 27 / 100

精准推荐各地特色美食,打造专属美食攻略,美食达人必备!

图 1.6-6

在"配置信息"文本框内,可以浏览和修改智能体的作用和特点,如图 1.6-7
所示。

配置信息 示例① 203 / 4096

你是美食向导,一个智能助手,专门为美食博主和美食爱好者提供服务。你的任务是根据用户所在城市,推荐
当地的高人气和特色美食,并提供实用的美食攻略。你的能力有:

1. 数据分析:通过分析大量用户数据,了解各地美食的人气指数,为用户提供精准推荐。
2. 攻略生成:根据用户的喜好和需求,生成专属的美食攻略,包括餐厅推荐、美食介绍和出行建议。
3. 问题解答:解答用户关于各地美食的疑问,分享美食背后的故事和文化。

图 1.6-7

单击"开场白"和"预置问题"文本框,可以修改智能体的开场白和预置问题,
如图 1.6-8 所示。

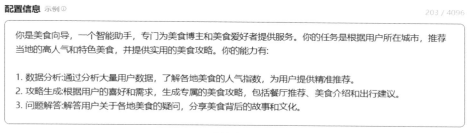

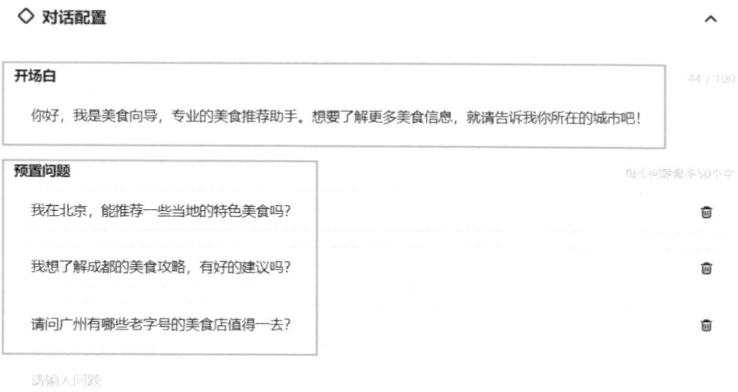

◇ 对话配置 ⌃

开场白 44 / 100

你好,我是美食向导,专业的美食推荐助手。想要了解更多美食信息,就请告诉我你所在的城市吧!

预置问题 每个问题最多50个字

我在北京,能推荐一些当地的特色美食吗? 🗑

我想了解成都的美食攻略,有好的建议吗? 🗑

请问广州有哪些老字号的美食店值得一去? 🗑

请输入问题

图 1.6-8

如有需要,可以进行知识库配置,为智能体提供个性化的知识输入;或者

为智能体添加 API，让智能体适配更多应用场景，如图 1.6-9 所示。

图 1.6-9

第五步 调试与发布智能体

调整完智能体配置之后，可以在页面右侧的调试区域对智能体进行调试。例如，在该文本框中输入相关问题，看该智能体是否能生成符合需求的回答，如图 1.6-10 所示。

图 1.6-10

在调试完成之后，单击界面右上方"发布"按钮，然后单击"确认发布"按钮即可完成发布，如图 1.6-11 所示。

图 1.6-11

 锦囊妙计

1. 在发布智能体之前，可以根据自身需求先对发布权限进行设置。

2. 确认发布之后，智能体还需要经过智谱清言平台的审核，待审核通过后，该智能体才能被公开和使用。

3. 发布之后的智能体会出现在智能体首页的上方，可以根据需求对其再次进行编辑或删除。

2

全能 AI 课代表

——通义大模型

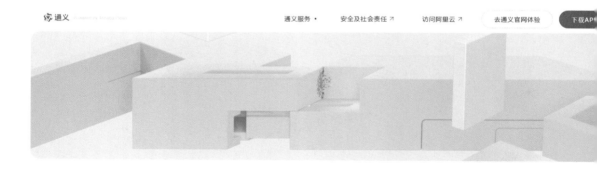

通义 / 通情，达义

你 的 全 能 AI 助 手

/ 超级助手，答你所问
/ 生活办公，效率翻倍
/ 个性智能体，丰富角色趣味互动

立即体验 ↗

第 2 章

全能 AI 课代表——通义大模型

通义大模型家族是阿里云推出的一系列先进的人工智能大模型，这些模型在不同领域展现了强大的语言处理、图像生成、多模态理解和生成等能力。这个家族包含多个成员，每个成员针对特定应用场景设计，用各自强大的 AI 工具为各行各业赋能，服务于各类用户需求。

2.1 用通义千问撰写工作周报

通义千问是阿里云通义大模型家族中的一款大规模语言模型，它涵盖了多轮对话、文案创作、逻辑推理、多模态理解以及多语言支持等多个方面，能够与用户进行自然、流畅的交互，帮助用户解答问题、创作文字、进行逻辑分析等，还可以理解结合文本、图像等多种形式的信息。

 操作步骤

用户可以通过对话交互的形式来让通义千问辅助办公，例如，用它来帮助撰写一份工作周报。它可以根据指令生成符合需求的文本内容，并根据需求对其进行持续优化。在这种高效互动之下，办公效率可以得到极大的提升。

 输入提示词

进入通义千问首页，在最下方对话框内输入：我是一名图书公司的编辑，过去一周完成了图书项目 A 的交稿，正在进行图书项目 B 的写稿，下周计划继续图书项目 B 的写稿以及参与杂志 A 的选题会，请为我生成一篇工作周报，然后单击右侧箭头按钮或者按 Enter 键进行提交，如图 2.1-1 所示。

我是一名图书公司的编辑，过去一周完成了图书项目A的交稿，正在进行图书项目B的写稿，下周计划继续图书项目B的写稿以及参与杂志A的选题会，请为我生成一篇工作周报

图 2.1-1

第二步 查看及调整

等待通义千问生成文本内容后，可以在该页面进行浏览，如图 2.1-2 所示。

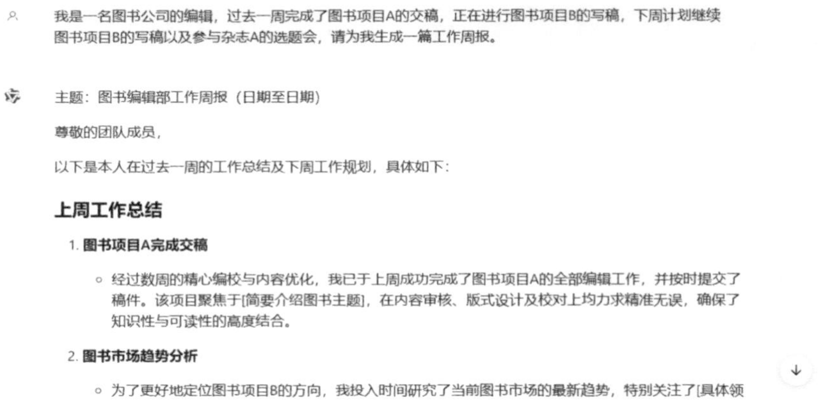

> 我是一名图书公司的编辑，过去一周完成了图书项目A的交稿，正在进行图书项目B的写稿，下周计划继续
> 图书项目B的写稿以及参与杂志A的选题会，请为我生成一篇工作周报。

主题：图书编辑部工作周报（日期至日期）

尊敬的团队成员，

以下是本人在过去一周的工作总结及下周工作规划，具体如下：

上周工作总结

1. 图书项目A完成交稿

   ○ 经过数周的精心编校与内容优化，我已于上周成功完成了图书项目A的全部编辑工作，并按时提交了
     稿件。该项目聚焦于[简要介绍图书主题]，在内容审核、版式设计及校对上均力求精准无误，确保了
     知识性与可读性的高度结合。

2. 图书市场趋势分析

   ○ 为了更好地定位图书项目B的方向，我投入时间研究了当前图书市场的最新趋势，特别关注了[具体领

图2.1-2

如果觉得生成的内容还需要调整，可以在输入框中提交自己的修改需求或者单击生成文本右下方的"重新生成"按钮，如图 2.1-3 所示。

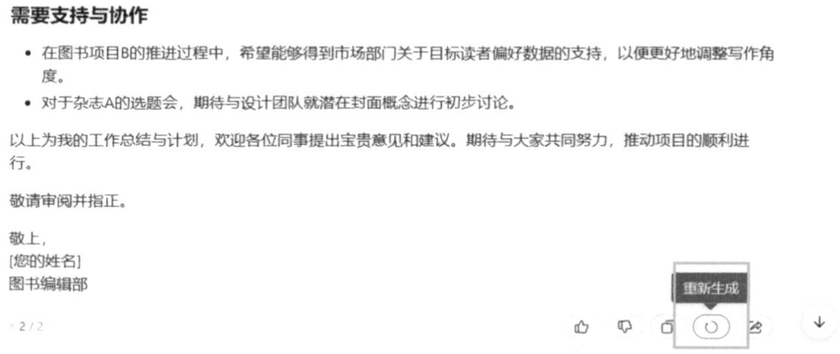

需要支持与协作

- 在图书项目B的推进过程中，希望能够得到市场部门关于目标读者偏好数据的支持，以便更好地调整写作角度。
- 对于杂志A的选题会，期待与设计团队就潜在封面概念进行初步讨论。

以上为我的工作总结与计划，欢迎各位同事提出宝贵意见和建议。期待与大家共同努力，推动项目的顺利进行。

敬请审阅并指正。

敬上，
[您的姓名]
图书编辑部

‹ 2 / 2

图2.1-3

第三步 使用和分享

如果对修改后的工作周报比较满意，单击文本右下方的"复制"或者"分享"按钮即可对这篇工作周报进行复制或分享，如图 2.1-4 所示。

敬请审阅并指正。

敬上，
[您的姓名]
图书编辑部

‹ 2 / 2

图2.1-4

2.2 用通义千问指令中心进行 SWOT 分析

通义千问指令中心是用于管理和优化通义千问 AI 助手功能的中枢系统，它将许多用户常用的指令进行集中管理，并根据不同应用场景（如教育、娱乐、商务等）定制化配置指令和策略，同时可以实现点击即用快速响应，也帮助用户解决了不知道如何编辑提示词这一难题。

 操作步骤

在指令中心"办公助理"这个应用场景下，有许多可以用来辅助提升办公效率的指令模板，用户只需要根据需求选择合适的指令，便可以快速得到相应的答案或者解决方案。

第一步 打开指令中心

进入通义千问首页，单击最下方对话框右侧的"指令中心"按钮，即可打开指令中心面板，如图 2.2-1 所示。

⬆️　　输入"/"唤起指令中心，Shift+Enter换行，点击左侧上传按钮传文件　　　　　　　　　　

图2.2-1

锦囊妙计

在文本框中直接输入"/"或者"Ctrl+/"也可以唤起指令中心。

第二步 浏览与选择指令

在指令中心面板内，选择"办公助理"应用场景，浏览并找到"SWOT 分析"这个指令，单击该指令，如图 2.2-2 所示。

图2.2-2

 锦囊妙计

在"搜索指令"文本框内输入关键词，会出现与关键词相关联的指令，例如：输入"工作"，会出现"工作评价""工作总结""工作报告"这 3 条指令。这个方式可以更高效地找到自己想要的指令。

第三步 修改指令

单击"SWOT 分析"指令之后，可以在首页对话框中看到自动生成的指令（提示词）模板，如图 2.2-3 所示。

你擅长用SWOT分析法，请用中文回答：大模型的发展，给传统制造业带来了哪些机会

图2.2-3

单击对话框，按实际需求对该指令模板进行修改，然后单击右侧箭头按钮或者按 Enter 键进行提交，如图 2.2-4 所示。

你擅长用SWOT分析法，请用中文回答：有一定资金用于创业，是加盟连锁餐厅还是开设独立餐厅。

图2.2-4

第四步 生成内容

等待片刻后，可以看到通义 AI 生成的 SWOT 分析，如图 2.2-5 所示。

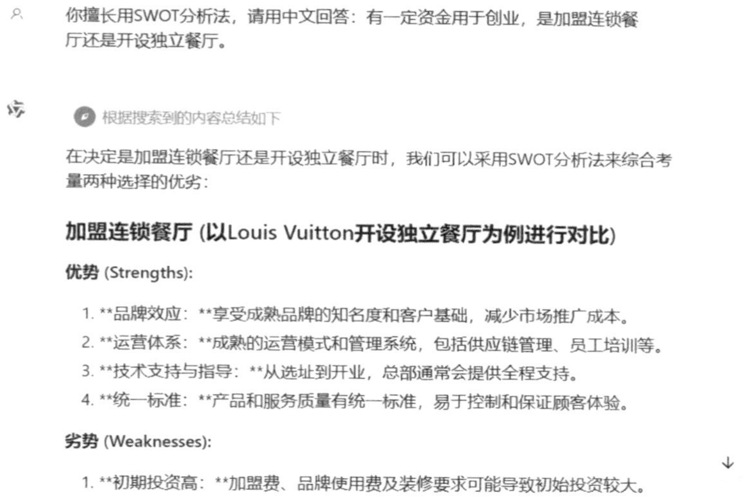

你擅长用SWOT分析法，请用中文回答：有一定资金用于创业，是加盟连锁餐厅还是开设独立餐厅。

根据搜索到的内容总结如下

在决定是加盟连锁餐厅还是开设独立餐厅时，我们可以采用SWOT分析法来综合考量两种选择的优劣：

加盟连锁餐厅 (以Louis Vuitton开设独立餐厅为例进行对比)

优势 (Strengths):

1. **品牌效应：**享受成熟品牌的知名度和客户基础，减少市场推广成本。
2. **运营体系：**成熟的运营模式和管理系统，包括供应链管理、员工培训等。
3. **技术支持与指导：**从选址到开业，总部通常会提供全程支持。
4. **统一标准：**产品和服务质量有统一标准，易于控制和保证顾客体验。

劣势 (Weaknesses):

1. **初期投资高：**加盟费、品牌使用费及装修要求可能导致初始投资较大。

图 2.2-5

锦囊妙计

如果对生成的内容不太满意，可以在输入框中提交新的修改需求，让通义 AI 对文本进行优化，或者单击生成文本右下方的"重新生成"按钮，生成新的文本。

第五步 查看相关链接

通义千问在总结问题答案时，会以搜索到的资料库作为参考，如有需要，可以单击生成文本下方出现的链接，查看更多相关资料，如图 2.2-6 所示。

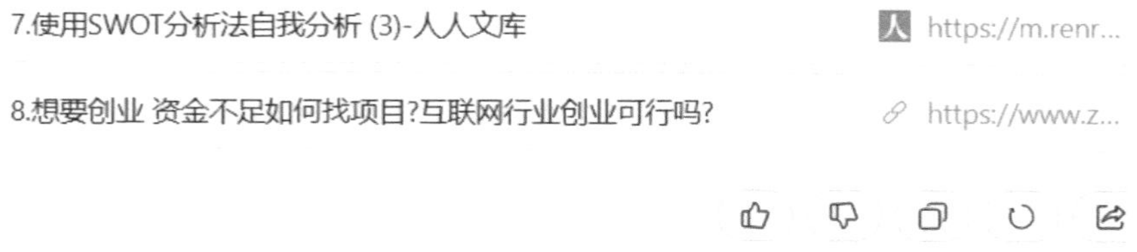

7.使用SWOT分析法自我分析 (3)-人人文库   人 https://m.renr...

8.想要创业 资金不足如何找项目?互联网行业创业可行吗?   🔗 https://www.z...

图 2.2-6

第六步 分享对话

如果想要将这篇对话分享给他人，可以单击文本右下方的"分享"按钮，如图 2.2-7 所示。

图 2.2-7

再次单击新出现的"分享"按钮，如图 2.2-8 所示。

8.想要创业 资金不足如何找项目?互联网行业创业可行吗?   🔗 https://www.z...

产品版本：V3.0.0　用户协议　隐私政策　联系我们
服务生成的所有内容均由人工智能模型生成，其生成内容的准确性和完整性无法保证，不代表我们的态度或观点
网安备 33010602009975号　网信算备 33011050720640123003 5号　浙B2-20080101-4　生成式人工智能服务备案号: ZheJiang-TongYiQianWe

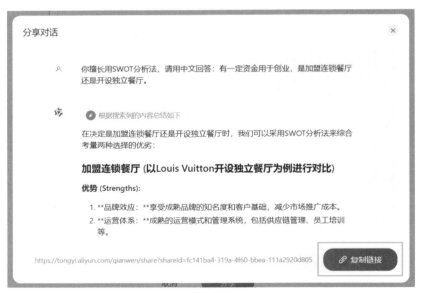

图 2.2-8

在弹出的页面内单击"复制链接"按钮即可，如图 2.2-9 所示。

图 2.2-9

第七步 其他打开方式

除了指令中心，用户也可以在首页就实现指令的快速响应。在通义千问首

页对话框上方，往往会随机出现一些指令，单击"换一批"按钮，会随机生成新的指令，单击感兴趣的应用场景，便可以立即使用这些指令，如图 2.2-10 所示。

你好，我是通义

通情，达义。你的全能AI助手

○ 换一批

▶ **AI搜索**

· 通义千问2.5有哪些升级

· 微软2024开发者大会发布了哪些产品

· 汪峰与森林北恋情是怎么回事

· 网红郭有才是怎么火起来的

· 周杰伦2024演唱会行程安排

📷 **响亮的Slogan**

你擅长写宣传口号：1.简短有力；2.突出...

🎨 **毛毡花束**

画图：用毛毡制成的花束，摄影棚照明，...

🐧 **Linux 终端**

你是一个 Linux 终端，我将输入命令，你...

图2.2-10

2.3 用通义效率进行文档阅读

通义效率是通义千问中用来进行文档与音视频处理的工具，其前身是通义智文与通义听悟。通义智文是基于人工智能技术的阅读辅助工具，适用于网页阅读、论文阅读等多种阅读场景，能够帮助用户更快、更深入地理解文档内容；通义听悟则是基于大模型技术的工作与学习 AI 助手，主要针对音视频内容，提供了从录音、视频到文字内容的全面处理能力。通义效率将这两大应用工具合二为一，在界面呈现上更为直观、简洁，也更方便用户进行操作。

 操作步骤

当想用通义效率来提升阅读体验时，只需要上传相关文档资料，它便可以自动分析文档结构，提取关键信息，然后提供清晰的内容概览。同时还能处理和整合多个文档信息，帮助用户快速对比汇总资料。

第一步 进入通义效率界面

单击通义千问首页左侧边栏中的“效率”按钮，即可进入通义效率界面，如图 2.3-1 所示。

通义
工具箱
我的记录
对话
发现
效率

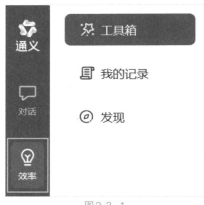

图2.3-1

第二步 上传文档

单击“文档阅读”按钮，如图 2.3-2 所示。

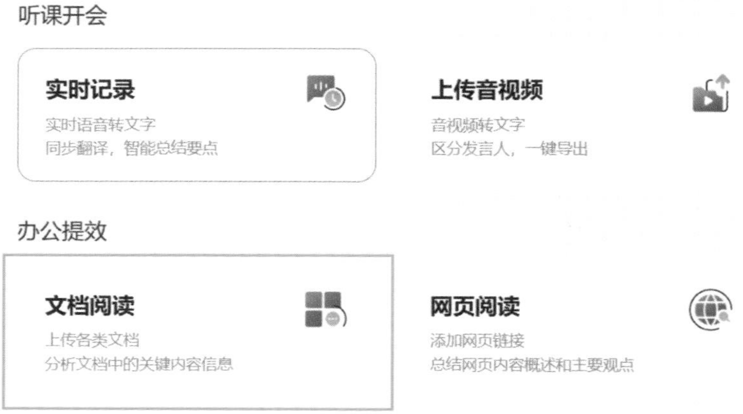

听课开会
实时记录
实时语音转文字
同步翻译，智能总结要点
上传音视频
音视频转文字
区分发言人，一键导出
办公提效
文档阅读
上传各类文档
分析文档中的关键内容信息
网页阅读
添加网页链接
总结网页内容概述和主要观点

图2.3-2

在弹出的页面中单击“文件上传”按钮或将文件拖曳到传输框内完成上传，如图 2.3-3 所示。

图2.3-3

 锦囊妙计

在此页面的文本框中输入包含文档的 URL 也可以上传文档，在页面下面提供了关于支持的文档格式、文档大小和文档页数的标准以供参考。

第三步 查看解析

待解析完成后，单击上传记录面板里的"立即查看"按钮，即可查看生成的文档解析，如图 2.3-4 所示。

图2.3-4

第四步 使用解析文档

如果想要使用生成的解析或内容摘要等，可以在导读页面对文本内容进行复制即可，如图 2.3-5 所示。

图2.3-5

第五步 翻译文档

单击"导读"旁边的"翻译"按钮，在跳转的页面单击"开始翻译"按钮，可以对上传的文档进行翻译，如图 2.3-6 所示。

图2.3-6

 锦囊妙计

开始翻译前，可以根据需求切换翻译的模式，选择"英译中"或者"中译英"。

第六步 旧版（通义智文／通义听悟）使用方式

目前，旧版的通义智文／通义听悟界面是依旧可以使用的，用户可以根据自身的使用习惯来选择使用新版（通义效率）或者旧版（通义智文／通义听悟）操作界面。接下来，简单介绍旧版界面的使用方式。

打开通义官网，在首页找到并单击"通义智文"按钮，如图 2.3-7 所示。

图2.3-7

在弹出的页面单击"继续使用旧版"按钮即可，如图 2.3-8 所示。

图2.3-8

 锦囊妙计

打开旧版通义听悟界面的方式也可以参考这一步。

2.4 用通义效率进行网页阅读

除了文档阅读，通义效率还提供网页阅读、论文阅读、图书阅读等多种阅读场景来作为学习和办公的辅助工具，以帮助用户快速检索知识点，提升个人的学习、研究和办公的效率。

 操作步骤

当想要快速知晓网络文献的核心观点和主要内容时，只需要将网页链接上传至通义效率的网页阅读工具，它便可以帮忙概览文章的要点、生成文章总结，同时还能对外语文献进行翻译。

第一步 添加网页链接

按之前案例的步骤进入通义效率界面，单击"网页阅读"按钮，如图 2.4-1 所示。

办公提效

文档阅读
上传各类文档
分析文档中的关键内容信息

网页阅读
添加网页链接
总结网页内容概述和主要观点

图2.4-1

33

在弹出的页面中，将拷贝好的网址进行粘贴，然后单击"确定"按钮，如图 2.4-2 所示。

图2.4-2

在进行网页阅读前，可以先阅读页面下方的合规要求以规避不合规操作带来的风险。

第二步 查看解析

待解析完成后，单击上传记录面板里的"立即查看"按钮，即可查看生成的网页内容概述和主要观点，如图 2.4-3 所示。

图2.4-3

锦囊妙计

1. 上传记录面板的控制按钮在通义千问和通义效率界面的右上角，可以通过操作该按钮来选择打开或者关闭该面板。

2. 在上传记录面板里，可以查阅之前所上传的文档或网页的解析记录。

3. 如果需要，可以参考之前案例的方式对上传网页进行翻译。

2.5 用通义星尘撰写招聘启事

通义星尘是基于阿里云通义千问大模型构建的一个角色对话智能体平台，旨在提供深度个性化和定制化的交互体验。相较于通义千问，通义星尘更侧重于让用户创建拥有独特人设、风格的智能角色，且能够与这些角色在多种场景中进行丰富互动。

 操作步骤

在通义星尘里，用户可以选择或者搜索不同的角色智能体，与它们进行深度的对话与互动，在多场景应用下体验各种智能体的鲜明个性，也可以让智能化办公变得更有趣。

第一步 选择智能体

进入通义星尘首页，完成账号注册后进行登录，单击首页上方"广场"按钮进入广场，如图 2.5-1 所示。

图2.5-1

在"角色"页面里选择"助手"，如图 2.5-2 所示。

图2.5-2

浏览该页面内的智能体角色,找到"万能助理"然后单击"和 TA 聊聊"按钮,如图 2.5-3 所示。

图2.5-3

 锦囊妙计

1. 类似"万能助理"这样的一些较为热门的智能体,可以在通义星尘首页的平台推荐区域找到,直接单击图标就可以进入该智能体的对话页面。

2. 如果需要撰写办公类文案,最好选择一些带有此类辅助功能的智能体来完成,以保证生成的效果。

第二步 查看对话介绍

进入对话页面后,可以先查看智能体头像下方的对话介绍,以了解该智能体的基本信息,包括职业、对话场景、用途、语言风格等。这一步可以帮助用户在开始对话前对于该智能体是否符合自己的需求做出初步的判定,如图 2.5-4 所示。

图2.5-4

第三步 输入提示词

在最下方对话框内输入:请帮我写一则招聘小学语文老师的招聘启事,包括招聘岗位、应聘条件、薪酬待遇、应聘方式等信息,然后单击右侧"发送"按钮或者按 Enter 键进行提交,如图 2.5-5 所示。

图2.5-5

第四步 查看及调整

等待智能体生成文本内容后，可以在该页面进行浏览，如图 2.5-6 所示。

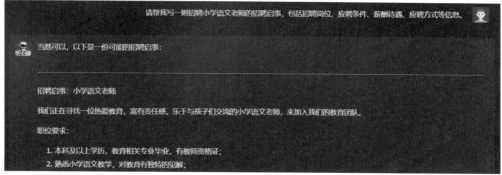

图2.5-6

如果觉得生成的内容还需要调整，可以在对话框中提交自己的修改需求或者单击生成文本右下方的"重新生成"按钮，如图 2.5-7 所示。

图2.5-7

 锦囊妙计

1. 单击对话框下方"给我聊天灵感"按钮，可以随机生成提示词，帮助用户拓展与智能体聊天的思路。

2. 进入通义星尘首页的"创作者中心"，用户可以创建符合自己需求的智能体。

2.6 用通义万相生成海报素材

通义万相是阿里云推出的一款先进的 AI 绘画创作大模型，它通过强大的算法能力和对中文文化的深刻理解，来实现高度可控性和极高的图像生成自由度，为创作者打开新的想象空间和创作可能。

操作步骤

用户可以通过输入文字描述，让通义万相生成符合特定语义的、风格多样的图像，或者是对已有图像进行变换，以适应不同的用途。例如，当想要创作一张海报时，可以借助通义万相来生成底图或者图案元素来作为后期处理的创作素材。

第一步 打开创意作画页面

进入通义万相首页，完成账号注册后进行登录，单击首页"创意作画"按钮进入创意作画页面，如图 2.6-1 所示。

图2.6-1

锦囊妙计

通义万相提供了官方新手教程，单击首页的"新手教程"按钮即可查看。

第二步 用文本创作图像

在左侧边栏中选择"文本生成图像"，在文本框中输入：设计一张国潮风格的房地产海报。画面中，古典的飞檐翘角建筑与现代摩天大楼交相辉映，背景是淡雅的水墨山水，融合进城市的天际线。海报四周装饰以精致的云雷纹和祥云图案，如图 2.6-2 所示。

图2.6-2

锦囊妙计

1. 咒语即提示词，如果不知道如何撰写提示词，可以参考官方新手教程中的示例，也可以借助通义千问来完成。

2. 单击"咒语书"面板下的"更多咒语"，可以在提示词中添加不同的咒语模板，包括风格、光线、材质、渲染、构图等。

第三步 **生成创意画作**

单击"9:16"比例，然后单击"生成创意画作"，如图 2.6-3 所示。

图2.6-3

 锦囊妙计

单击"参考图"面板内的上传按钮，即可上传参考图。上传之后，通义万相会根据该参考图的风格来生成图像。

第四步 **查看及迭代**

待生成图像之后，可以在页面右侧进行浏览。通义万相每次会根据提示词生成 4 张图像。如果觉得 4 张图都不符合需求，可以单击"再次生成"，反复迭代，直至生成比较满意的图像；如果对某张图比较满意且想要生成更多的相似图，可以将鼠标移至该图像右下方第一个按钮，然后单击"生成相似图"，如图 2.6-4 所示。

图2.6-4

 锦囊妙计

用户也可以在这一步对图像进行"局部重绘"或者"高清放大"。

第五步 使用与下载

单击图像右下方"下载"按钮，即可下载该图像，下载完成后，即可将此图像作为海报素材，用其他设计工具进行后期处理，如图 2.6-5 所示。

图2.6-5

 锦囊妙计

通义万相每天登录时可以免费领取 50 灵感值，单次生成图像时会扣除 1 个灵感值，这些灵感值每日 0 点会重置，因此用户每天可以利用这 50 次机会来尝试生成图像。

第六步 其他生成方式

除了"文本生成图像"，用户还可以在左侧边栏中选择通过"相似图像生成"或者"图像风格迁移"的方式生成图像，将鼠标移至相应的图标上会看到对该方式的定义与解释，用户可以多尝试这些不同的图像生成方式，然后根据自身需求来选择最合适的方式，如图 2.6-6 所示。

图 2.6-6

锦囊妙计

当想通过具体的例子来了解上述方式，但手边又没有合适的图像时，单击"官方示例"，可以轻松查看生成的示例效果。

2.7 用通义万相提供草图创意

通义万相除了基础的智能作画系统之外，还提供了许多其他有趣且实用的应用工具，以涂鸦作画为例，这个功能可以根据简单的涂鸦和文字就快速生成图像或者设计草图，可以作为现代办公环境中一个实用且富有创意的辅助工具，来帮助职场设计师和创作者们提高工作效率和创意表达。

 操作步骤

借助涂鸦作画，用户无须输入过多精准且复杂的提示词，只需要随意手绘几笔，再结合简易的文字描述即可生成图画。

第一步 **打开涂鸦作画应用**

进入通义万相首页，单击"应用广场"按钮进入应用广场页面，如图 2.7-1
所示。

图 2.7-1

在跳转页面选择"涂鸦作画"，如图 2.7-2 所示。

图 2.7-2

第二步 **完成涂鸦**

在左侧边画板中，选择画板比例为 1:1，然后单击"点击进入涂鸦"按钮，
如图 2.7-3 所示。

图 2.7-3

在跳转页面，直接开始涂鸦或者上传涂鸦，完成后，单击"完成涂鸦"按钮，如图 2.7-4 所示。

图2.7-4

 锦囊妙计

在进行涂鸦创作时，如果有需要修改的地方，可以使用下方"橡皮擦"工具擦除后再重画。

第三步 生成涂鸦画作

在左侧画板下方文本框中输入：女装、水彩、飘逸、时尚、平面设计、服装设计、草图，在文本框右侧的插画风格中选择"扁平插画"，然后单击"生成涂鸦画作"，如图 2.7-5 所示。

图2.7-5

 锦囊妙计

在生成涂鸦画作之前，如果还需要对涂鸦进行修改，可以继续单击"进入涂鸦"按钮，进入涂鸦页面进行修改。

第四步 **迭代及下载**

待生成图像之后，可以在页面右侧进行浏览。如果觉得生成的 4 张图都不符合需求，可以单击"再次生成"，反复迭代，直至生成比较满意的图像；如果对某张图比较满意，可以单击该图像右下方"下载"按钮，选择下载结果图或者对比图，如图 2.7-6 所示。

图2.7-6

锦囊妙计

用户可以把下载后的图像作为参考性草图，以提供灵感，也可以对其进行后期处理后再使用。

2.8 用通义万相生成艺术字

通义万相艺术字也是一个较为实用的智能应用工具，它可以利用 AI 技术生成具有艺术风格的文字图像。这种功能使得用户即使不具备专业的设计技能，也能轻松创造出富有创意和设计感的文字图形，这些文字图形可以作为创作素材或者灵感来源，用于社交媒体内容制作、海报设计、品牌宣传等多种场景。

操作步骤

用户可以输入想要展现的文字内容以及指定的风格或者直接提供描述性的提示词，AI 模型便会根据这些输入生成独特且具有视觉美感的艺术字效果。

第一步 **打开艺术字应用**

进入通义万相首页，单击"应用广场"按钮进入应用广场页面，如图 2.8-1所示。

通义万相　　探索发现　　创意作画　　应用广场

图2.8-1

在跳转页面选择"艺术字",如图 2.8-2 所示。

图2.8-2

第二步 输入内容与提示词

在左侧面板的"文字内容"文本框中输入：音乐节，然后单击"文字风格"按钮，在弹出界面中选择"光影特效"风格，选择"自定义"，在提示词文本框中输入：简约、线条、艺术感、平面设计、色彩、动感，然后单击"确认"按钮，如图 2.8-3 所示。

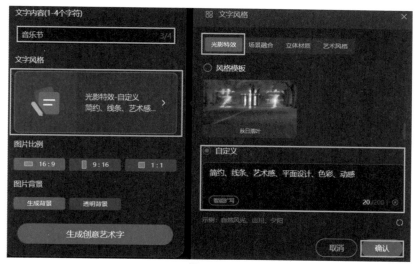

图2.8-3

 锦囊妙计

在自定义提示词时，如果不知道如何撰写更合适，可以单击文本框内的"智能扩写"，以获取更多提示词灵感。

第三步 生成艺术字

选择"图片比例"为 16:9，选择"图片背景"为生成背景，然后单击"生成创意艺术字"按钮，如图 2.8-4 所示。

图2.8-4

如果选择"图片背景"为透明背景，则生成的艺术字不带任何背景图，用户可根据自身需求来决定是否生成背景。

第四步 迭代及下载

待生成艺术字之后，可以在页面右侧进行浏览。如果觉得生成的艺术字都不符合需求，可以单击"再次生成"，反复迭代，直至生成比较满意的字体；如果对某张图像里的艺术字比较满意，可以单击该图像右下方"下载"按钮，下载 AI 生成结果，如图 2.8-5 所示。

图2.8-5

第五步 其他生成方式

除了自定义提示词，用户还可以通过已有模板来生成艺术字。在左侧面板的"文字内容"文本框中输入：烟雨，然后单击"文字风格"按钮，在弹出界面中选择"场景融合"风格，在"风格模板"中选择"国风建筑"，单击"确认按钮"，如图 2.8-6 所示。

图2.8-6

选择好图片比例和图片背景之后，单击"生成创意艺术字"按钮，待生成艺术字之后，按需求进行迭代或者下载即可，如图 2.8-7 所示。

图2.8-7

 锦囊妙计

1. 通义万相艺术字模板里涵盖了光影特效、场景融合等许多类型，用户可以多尝试和对比这些模板给字体带来的不同风格之间的差别，然后选择最符合自己需求的模板来使用。

2. 如果在首页看到其他优秀的艺术字作品，可以单击"复用创意"来使用与其相同的提示词与设置。

2.9 用通义万相生成电商产品图

通义万相的智能应用里还包括虚拟模特这项功能，它为用户提供了丰富的创意设计解决方案，比如在电子商务领域，它可以帮助在线店铺快速更新产品图册，实现模特多样化和场景个性化。商家可以利用该功能快速创建出各种风格的模特展示图，而无须进行实际的摄影拍摄，极大地提高了效率并降低了成本。

 操作步骤

用户可以先上传真实商品的展示图片，然后通过 AI 技术替换图片中的真人模特，生成全新的、具有商业使用价值的商品展示图。

第一步 打开虚拟模特应用

进入通义万相首页，单击"应用广场"按钮进入应用广场页面，如图 2.9-1 所示。

图2.9-1

在跳转页面选择"虚拟模特"，如图 2.9-2 所示。

图2.9-2

第二步 上传商品展示图

单击左侧面板的"商品"区域，上传由真人展示的商品图，如图 2.9-3 所示。

图2.9-3

 **锦囊妙计**

当手边没有合适的商品图时，可以单击"官方示例"来获取示例商品图。

第三步 选择保留的选区

单击"选择保留的商品选区"按钮，如图 2.9-4 所示。

图2.9-4

在跳转页面的商品展示图中，单击想要保留的区域，然后单击"确认保留区域"按钮，如图 2.9-5 所示。

图2.9-5

锦囊妙计

将鼠标移至最下方的操作按钮处，可以了解各个按钮的释义和用途。

第四步 **更换模特形象**

单击左侧面板的"模特"按钮，在弹出界面中选择想要的女模特面部形象，如图 2.9-6 所示。

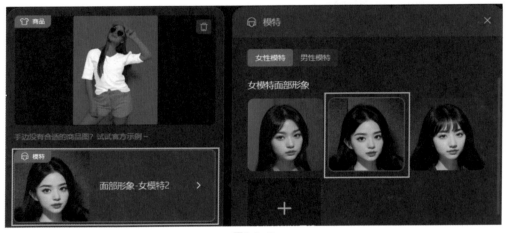

图 2.9-6

在"自定义女模特特征"文本框内输入：染发、戴鸭舌帽，然后单击"确认"按钮，如图 2.9-7 所示。

图 2.9-7

第五步 更换背景及生成

单击左侧面板的"背景"按钮，在弹出界面中选择"时尚街拍"背景，然后单击"生成模特展示图"按钮，如图 2.9-8 所示。

图 2.9-8

第六步 迭代及下载

待生成图像之后，可以在页面右侧进行浏览。如果觉得生成的图像都不符合需求，可以单击"再次生成"，反复迭代，直至生成比较满意的图像；如果对某张图像比较满意，可以单击该图像右下方"下载"按钮，下载 AI 生成结果，如图 2.9-9 所示。

图 2.9-9

2.10 用通义点金查询金融资讯

通义点金是通义大模型家族中的一员，作为智能金融助手，它主要聚焦于财经、金融领域的应用。通义点金能够处理和分析大量的金融数据，帮助用户深度解读财报研报、分析金融事件、进行风险管理和市场趋势预测等，助力用户对话金融世界。

 操作步骤

用户可以在通义点金页面内进行关键词搜索，查看自己感兴趣的企业的相关资讯，或者在对话框里提出相应的金融问题，让它分析、解答或者生成图表。

第一步 打开 Fin Chat 页面

进入通义点金首页，单击"立即使用"按钮进入 Fin Chat 页面，如图 2.10-1 所示。

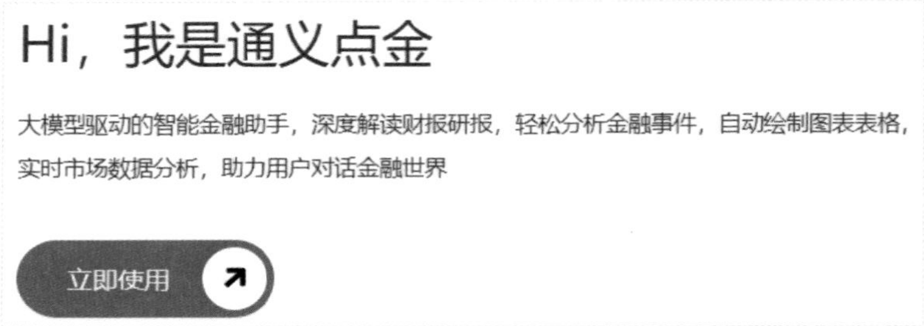

Hi，我是通义点金

大模型驱动的智能金融助手，深度解读财报研报，轻松分析金融事件，自动绘制图表表格，实时市场数据分析，助力用户对话金融世界

立即使用 ↗

图2.10-1

第二步 输入提示词

在页面下方对话框中输入：请分析一下人工智能、信创等细分板块的投资机会和风险，然后单击"发送"按钮或者按 Enter 键进行提交，如图 2.10-2 所示。

请分析一下人工智能、信创等细分板块的投资机会和风险

↵发送 / ⊡ + ↵换行   发送

图2.10-2

第三步 生成和使用

等待片刻后，可以看到通义点金生成的分析，单击该文本右下方的"复制"按钮，可以使用该文本，如图 2.10-3 所示。

👤 请分析一下人工智能、信创等细分板块的投资机会和风险

🪙 人工智能和信创等细分板块都是当前值得关注的投资机会。在人工智能方面，建议关注数据要素全产业链、公共数据运营、企业数据价值显性、数据交易所互联互通以及国内AI大模型的加速落地等机遇。这些机遇都是由于人工智能技术的快速发展和应用所带来的。同时，信创领域也存在一定的投资机会，建议关注政策利好下信创招投标进程的推进、需求侧提振、订单落地和"鹏腾"生态带来的投资机遇。 然而，这些板块也存在一定的风险。数据要素应用落地不及预期、人工智能产业需求不及预期、国内AI大模型发展不及预期以及信创需求不及预期都是可能的风险因素。因此，在进行投资决策时需要综合考虑这些因素，并根据自己的风险承受能力做出相应的投资决策。 在数据要素应用落地不及预期方面，可能是因为政策、技术、市场等方面的原因导致数据要素的应用无法达到预期的效果，从而影响到相关企业的业绩和股价。在人工智能产业需求不及预期方面，可能是因为人工智能技术的发展速度和应用范围不如预期，导致相关企业的业绩和股价受到影响。在国

👍 👎 ↻ 重新生成 🗍 复制

图2.10-3

锦囊妙计

如果对生成的分析内容不太满意，可以在输入框中提交新的提示词或者单击生成文本右下方的"重新生成"按钮，生成新的文本。

第四步 搜索和查询

用户可以在首页左侧边栏的公司列表里浏览和搜索感兴趣的公司，并查看行业信息。当想要查看中国石油的相关资讯时，单击"去问问"，如图 2.10-4 所示。

公司列表 ⌄

选择公司新建对话，支持沪深300的公司

搜索公司 🔍

工商银行
601398

中国石油
601857　　　　　去问问 ＞

图2.10-4

锦囊妙计

该功能目前只支持查询沪深 300 的公司。

在右侧关于中国石油的对话页面内，单击感兴趣的问题，然后单击下方对话框中的"发送"按钮或者按 Enter 键进行提交，即可获取相应的回答或者分析，如图 2.10-5 所示。

图2.10-5

2.11 用通义点金解读投研文档

作为智能金融大模型，通义点金除了可以用来查询财经和金融资讯之外，还可以帮用户深度解析和提炼投资研究文档中的关键信息，并将复杂的数据和文本转化为易于理解和应用的投资洞察。

操作步骤

通义点金里的 Fin Doc 功能可以对用户上传的投研文档进行智能解读，面对篇幅较长的投研文档，它也能提取出全文摘要并提供可视化的信息以及关联的资讯或研报等。

第一步 上传投研文档

进入通义点金首页，单击"Fin Doc"按钮，如图 2.11-1 所示。

金融百宝袋

图2.11-1

在弹出的页面中单击上传区域，将需要解读的投研文档进行上传，如图 2.11-2 所示。

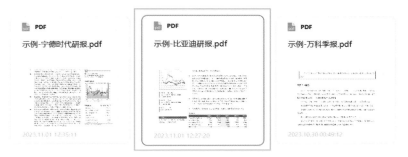

图2.11-2

当想要了解这项功能但手边暂时没有合适的投研文档时，可以查看通义点金是如何解读与分析示例文档的。在首页单击"示例 - 比亚迪研报 .pdf"，如图 2.11-3 所示。

投研文档

PDF
示例-宁德时代研报.pdf

PDF
示例-比亚迪研报.pdf

PDF
示例-万科季报.pdf

2023.11.01 12:35:11

2023.11.01 12:27:20

2023.10.30 00:49:12

图2.11-3

第二步 **查看分析与解读**

在跳转页面的右侧即可看到对该研报的智能解读，包括相关摘要、资讯研报和图表，如图 2.11-4、图 2.11-5 所示。

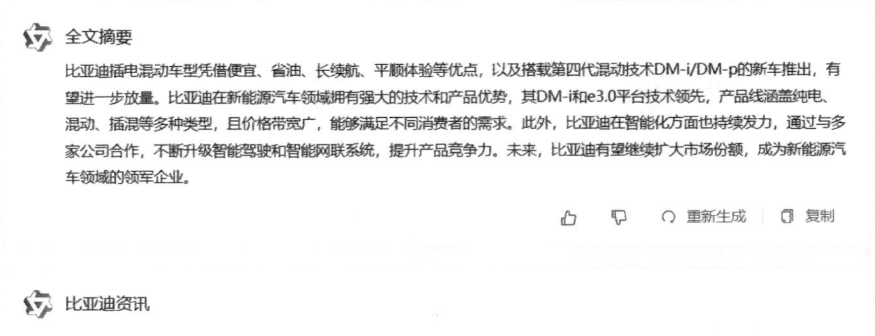

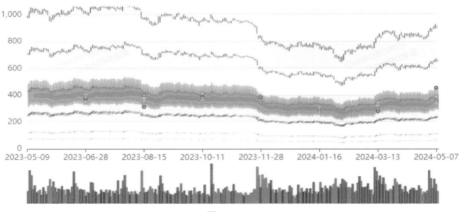

全文摘要
比亚迪插电混动车型凭借便宜、省油、长续航、平顺体验等优点，以及搭载第四代混动技术DM-i/DM-p的新车推出，有望进一步放量。比亚迪在新能源汽车领域拥有强大的技术和产品优势，其DM-i和e3.0平台技术领先，产品线涵盖纯电、混动、插混等多种类型，且价格带宽广，能够满足不同消费者的需求。此外，比亚迪在智能化方面也持续发力，通过与多家公司合作，不断升级智能驾驶和智能网联系统，提升产品竞争力。未来，比亚迪有望继续扩大市场份额，成为新能源汽车领域的领军企业。
重新生成
复制
比亚迪资讯

图2.11-4

1,000
800
600
400
200
0
2023-05-09
2023-06-28
2023-08-15
2023-10-11
2023-11-28
2024-01-16
2024-03-13
2024-05-07

图2.11-5

第三步 查看资讯或研报详情

当想要查看具体的资讯或者研报详情时，单击该条资讯或研报标题即可，如图 2.11-6 所示。

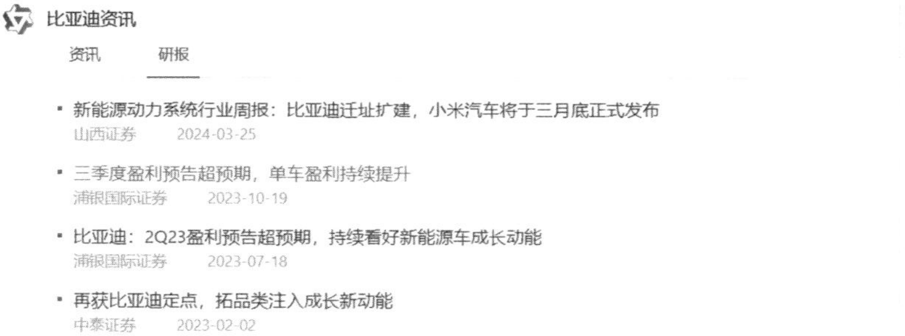

比亚迪资讯
资讯
研报
新能源动力系统行业周报：比亚迪迁址扩建，小米汽车将于三月底正式发布
山西证券 2024-03-25
三季度盈利预告超预期，单车盈利持续提升
浦银国际证券 2023-10-19
比亚迪：2Q23盈利预告超预期，持续看好新能源车成长动能
浦银国际证券 2023-07-18
再获比亚迪定点，拓品类注入成长新动能
中泰证券 2023-02-02

图2.11-6

第四步 **细化解读**

按住鼠标左键，在页面左侧的投研文档里框选出想要解读的段落或信息，然后单击"智能解读"，即可在页面右侧生成对该段落或信息的单独的解读与分析，如图 2.11-7 所示。

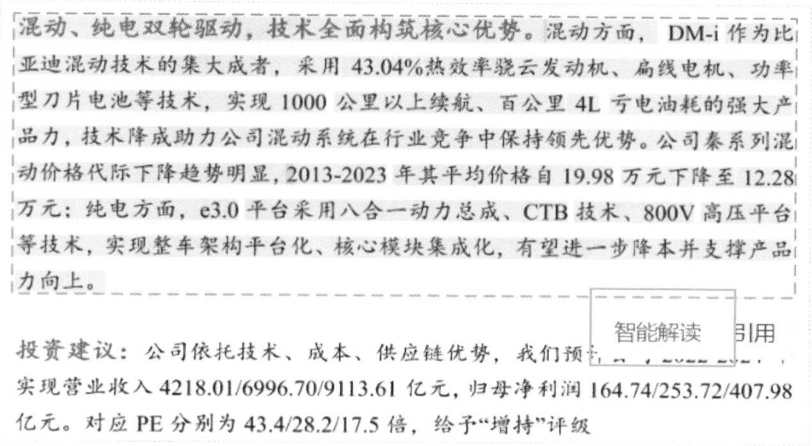

混动、纯电双轮驱动，技术全面构筑核心优势。混动方面，DM-i 作为比亚迪混动技术的集大成者，采用 43.04%热效率骁云发动机、扁线电机、功率型刀片电池等技术，实现 1000 公里以上续航、百公里 4L 亏电油耗的强大产品力，技术降成助力公司混动系统在行业竞争中保持领先优势。公司秦系列混动价格代际下降趋势明显，2013-2023 年其平均价格自 19.98 万元下降至 12.28 万元；纯电方面，e3.0 平台采用八合一动力总成、CTB 技术、800V 高压平台等技术，实现整车架构平台化、核心模块集成化，有望进一步降本并支撑产品力向上。

智能解读 引用

投资建议：公司依托技术、成本、供应链优势，我们预计 ， 实现营业收入 4218.01/6996.70/9113.61 亿元，归母净利润 164.74/253.72/407.98 亿元。对应 PE 分别为 43.4/28.2/17.5 倍，给予"增持"评级

图2.11-7

3

写作编程答疑**全能工具**

——豆包

豆包 官方

抖音旗下AI工具
你的工作学习AI助手

AI搜索最新资讯,让信息搜集效率翻倍 >
帮你写作,提供灵感,驾驭各类体裁和风格 >
快速摘要,一键从网页、PDF中总结并生成亮点 >

立即体验

阅读与总结
快速阅读学术论文、PDF 和报告

PDF 阅读

在此处拖放文件

AI 搜索
了解最近大家都在谈论的热门话题

AI 搜索

提升夏季幸福感的 5 件小事

帮我写作
快速撰写引人入胜的电子邮件、博客、
简讯和演讲稿,轻松自如

帮我写作

论文   博客   海报

 PC客户端下载
Windows / MAC

 浏览器插件安装
您浏览器的AI助手

 AI写作
全能高效写作助手

  AI搜索
帮助解答各种问

第 3 章
写作编程答疑全能工具——豆包

　　豆包是字节跳动公司开发的 AI 工具，它可以帮助用户生成各种类型的文案，如小红书文案、PPT 内容等，还能阅读并分析长文本，提取关键信息。此外，用户可以通过豆包客户端训练和定制属于自己的智能体。豆包可以充当用户身边的小百科，给用户进行答疑解惑和创意启发。

3.1 用豆包撰写放假通知

　　在日常办公中，用户可以借助豆包来完成各种类型文案的撰写，它不仅可以提供丰富的灵感，拓展知识面，还可以快速生成文案内容，并按用户需求提供个性化的指导和建议，提升了用户创作文章的质量与效率。

 操作步骤

　　用户可以通过互动对话的形式来让豆包完成指定的写作任务，在豆包根据需求生成相应的文案之后，还可以通过智能生成的关联提示词模板来润色和完善该文案。

第一步 输入提示词

　　进入豆包网页版首页，在最下方对话框内输入：帮我写一则学校放假通知，放假时间是 2024 年 6 月 8 日至 6 月 10 日，提醒大家假期注意安全，然后单击右侧箭头按钮或者按 Enter 键进行提交，如图 3.1-1 所示。

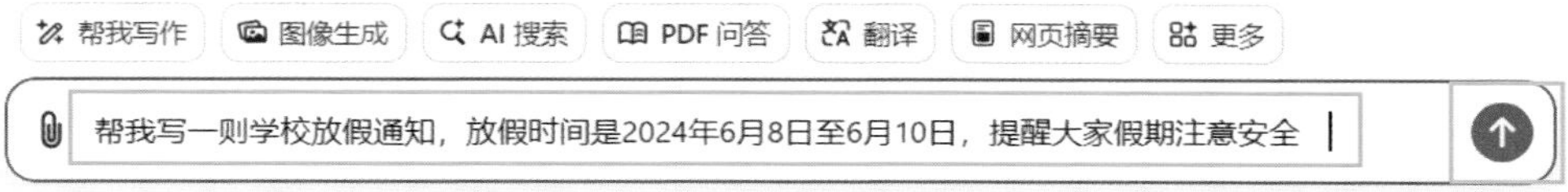

| ✐ 帮我写作 | 🖼 图像生成 | ◁ AI 搜索 | 📖 PDF 问答 | 🗎 翻译 | 📄 网页摘要 | 🔗 更多 |

| 📎 帮我写一则学校放假通知，放假时间是2024年6月8日至6月10日，提醒大家假期注意安全 | ↑ |

图3.1-1

豆包有网页版和 APP 端，其注册和登录均可使用手机号或者抖音号，网页版和 APP 端的体验也完全一致。

第二步 查看及调整

等待豆包生成文本内容后，可以在该页面进行浏览。如果觉得生成的内容还需要调整，可以在对话框中提交自己的修改需求或者单击生成文本下方的"重新生成"按钮，如图 3.1-2 所示。

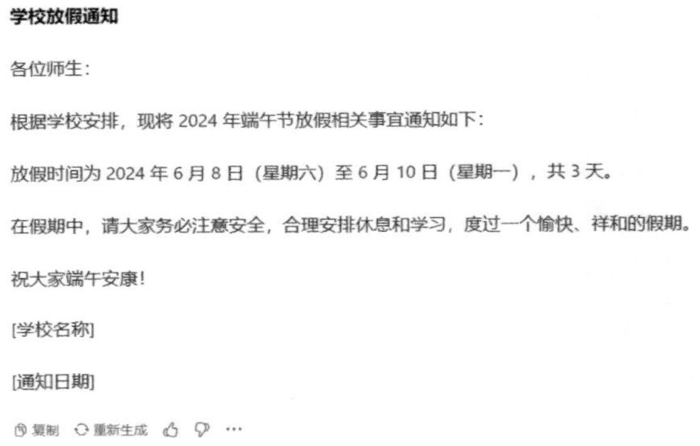

学校放假通知

各位师生：

根据学校安排，现将 2024 年端午节放假相关事宜通知如下：

放假时间为 2024 年 6 月 8 日（星期六）至 6 月 10 日（星期一），共 3 天。

在假期中，请大家务必注意安全，合理安排休息和学习，度过一个愉快、祥和的假期。

祝大家端午安康！

[学校名称]

[通知日期]

复制　重新生成

图 3.1-2

第三步 润色和迭代

在生成文本内容之后，用户还会在文本下方看到一些与此文本主题相关联的提示词模板，需要的话，可以直接单击这些模板来完成文本内容的迭代和润色，或者扩充其他知识，如图 3.1-3 所示。

在假期中，请大家务必注意安全，合理安排休息和学习，度过一个愉快、祥和的假期。

祝大家端午安康！

[学校名称]

[通知日期]

复制　重新生成

帮我写一篇端午节的来历介绍。 →

请再润色一下，把这则通知修改得更正式一些。 →

端午节有哪些传统习俗？ →

图 3.1-3

第四步 使用和分享

按上述步骤进行迭代之后，如果对文本内容较为满意，可以单击文本下方"复制"按钮使用该内容，如图 3.1-4 所示。

再添加一些放假期间的活动信息。

学校放假通知

各位师生：

根据学校工作安排，现将 2024 年端午节放假有关事项通知如下：

放假时间为 2024 年 6 月 8 日（星期六）至 6 月 10 日（星期一），共 3 天。

在放假期间，学校鼓励大家积极参与有益的活动，如与家人共度佳节、阅读经典书籍、进行户外运动等，以丰富假期生活。同时，请各位师生务必严格遵守各项安全规定，确保自身安全。希望大家合理安排假期时间，做到休息与学习两不误。

预祝全体师生度过一个欢乐、祥和的端午节假期！

[学校名称]

[通知日期]

复制 重新生成 👍 👎 …

图3.1-4

3.2 用豆包撰写小红书文案

除了互动对话的形式，用户也可以直接通过豆包页面中"帮我写作"这个功能来撰写各类文案。该功能是其集成的 AI 写作助手的一部分，它利用先进的人工智能技术为用户提供自动生成文案的服务。

 操作步骤

用户只需要在"帮我写作"的模板中选择好文章类型，然后输入主题或简要说明，并完成偏好的设置（如风格、长度等），就可以等待豆包生成文本内容。

第一步 打开"帮我写作"模板

进入豆包首页，单击对话框上方的"帮我写作"按钮，如图 3.2-1 所示。

图3.2-1

第二步 选择文章类型

选择"撰写"，然后单击"小红书"按钮，如图 3.2-2 所示。

图3.2-2

第三步 输入主题与设置偏好

在文本框中输入：小太阳护手霜，产品卖点是清爽滋润，味道好闻，性价比高；单击"语气"按钮，选择"专业的"；单击"长度"按钮，选择"长"；单击"语言"按钮，选择"简体中文"，然后单击右侧箭头按钮或者按 Enter 键进行提交，如图 3.2-3 所示。

图3.2-3

第四步 生成与润色

待生成文本内容之后，单击文本下方"把产品卖点和用户痛点相结合，再润色一下"的提示词模板，对文本进行润色，如图 3.2-4 所示。

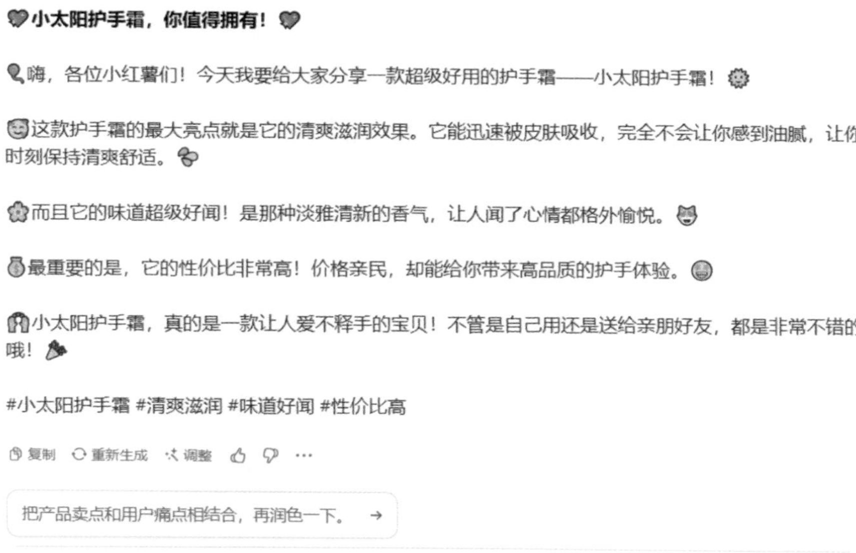

♥小太阳护手霜，你值得拥有！♥

🔍嗨，各位小红薯们！今天我要给大家分享一款超级好用的护手霜——小太阳护手霜！⚙️

😊这款护手霜的最大亮点就是它的清爽滋润效果。它能迅速被皮肤吸收，完全不会让你感到油腻，让你的双手时刻保持清爽舒适。🐾

🐱而且它的味道超级好闻！是那种淡雅清新的香气，让人闻了心情都格外愉悦。🐱

⚖️最重要的是，它的性价比非常高！价格亲民，却能给你带来高品质的护手体验。◉

🏠小太阳护手霜，真的是一款让人爱不释手的宝贝！不管是自己用还是送给亲朋好友，都是非常不错的选择哦！💥

#小太阳护手霜 #清爽滋润 #味道好闻 #性价比高

📋复制 🔄重新生成 🔧调整 👍 👎 …

把产品卖点和用户痛点相结合，再润色一下。　→

图3.2-4

第五步 修改提示词

在重新生成文本内容之后，如果想要修改之前的提示词模板，可以单击其下方的"修改"按钮，如图 3.2-5 所示。

把产品卖点和用户痛点相结合，再润色一下。

✏️修改 📋复制 …

✨小太阳护手霜，给你极致呵护体验！✨

🔍亲爱的朋友们，今天我要为大家介绍一款令人惊艳的护手霜——小太阳护手霜！⚙️

图3.2-5

在弹出的对话框中输入新的提示词，然后单击右侧箭头按钮或者按 Enter 键进行提交，即可生成新的文本内容，如图 3.2-6 所示。

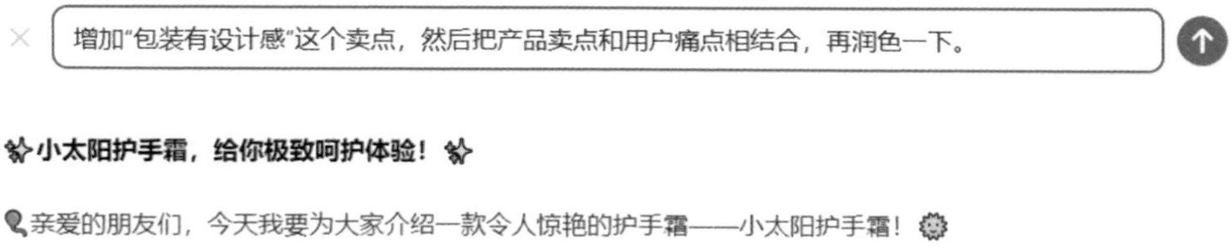

✕　增加"包装有设计感"这个卖点，然后把产品卖点和用户痛点相结合，再润色一下。　

✨小太阳护手霜，给你极致呵护体验！✨

🔍亲爱的朋友们，今天我要为大家介绍一款令人惊艳的护手霜——小太阳护手霜！⚙️

图3.2-6

第六步 分享对话

如果想要将这篇对话分享给他人，单击页面右上方的"分享"按钮，如图 3.2-7 所示。

增加"包装有设计感"这个卖点，然后把产品卖点和用户痛点相结合，再润色一下。

图3.2-7

在弹出的分享对话页面中单击"复制链接"按钮即可，如图 3.2-8 所示。

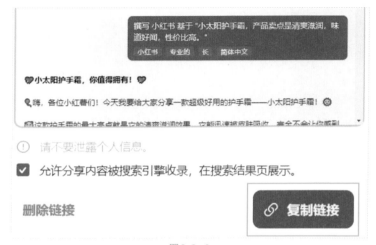

图3.2-8

3.3 用豆包生成艺术画作

除了文本生成、写作辅助这样的核心功能，豆包本身也具备简单的图像生成能力，可以通过用户的描述来生成各种类型的图像。

 操作步骤

用户可以在"图像生成"模板中选择好图像风格，然后简单描述要创作的内容，并适当添加特征词，提交之后就可以等待图像的生成。

第一步 打开"图像生成"模板

进入豆包首页,单击对话框上方的"图像生成"按钮,如图 3.3-1 所示。

图 3.3-1

第二步 明确风格和描述

选择"油画"风格,在提示词文本框内输入:大海,帆船,如图 3.3-2 所示。

图 3.3-2

第三步 添加特征词

单击"特征词"按钮,在"光线"选项里面选择"丁达尔效应",如图 3.3-3 所示。

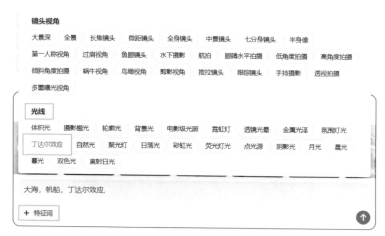

图 3.3-3

第四步 **生成与迭代**

确认好所有提示词之后，单击右侧箭头按钮或者按 Enter 键进行提交，等待片刻，即可看到生成的图像。如果觉得生成的图像都不符合需求，单击图像下方的"重新生成"按钮即可，如图 3.3-4 所示。

图 3.3-4

 锦囊妙计

1. 单击生成的图像，可以对该图像进行放大。

2. 如果对重新生成多次的图像依然不满意，可以考虑对提示词进行调整。

第五步 **下载图像**

如果想要下载生成的图像，单击该图像，在弹出的页面中，单击图像下方的箭头按钮即可，如图 3.3-5 所示。

图 3.3-5

在用豆包的"图像生成"功能生成图像时，提示词不宜数量过多和复杂，否则可能会导致生成失败。

3.4　用豆包生成摄影作品

豆包可以生成各种类型的图像，除了生成油画、水彩画、平面插画等绘画作品，也可以生成以风景、城市、人物等主题的摄影作品。

 操作步骤

用户可以在"图像生成"模板中更换图像风格，然后在描述创作内容的提示词中加入"摄影"等词汇，并选取一些在摄影中常用的镜头和视角作为特征词，提交之后就可以等待豆包生成特定主题的摄影作品。

第一步 **打开"图像生成"模板**

进入豆包首页，单击对话框上方的"图像生成"按钮，如图 3.4-1 所示。

图 3.4-1

第二步 **明确风格和描述**

选择"风景"风格，在提示词文本框内输入：森林，蘑菇，如图 3.4-2 所示。

图 3.4-2

第三步 添加特征词

单击"特征词"按钮,在"镜头视角"类型里面选择"蜗牛视角",如图 3.4-3
所示。

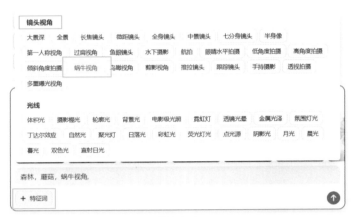

图3.4-3

第四步 生成与迭代

确认好所有提示词之后,单击右侧箭头按钮或者按 Enter 键进行提交,等
待片刻,即可看到生成的图像。如果觉得生成的图像都不符合需求,单击图像
下方的"重新生成"按钮即可,如图 3.4-4 所示。

图3.4-4

 锦囊妙计

1. 如果觉得生成的图像比较符合需求,按之前案例的步骤对图像进行下载即可。

2. 目前,豆包在生成图像后,对图像的迭代主要依靠"重新生成"来完成。如果需要对这些图像进行调色等后期处理,建议将该图像进行下载,然后借助 Photoshop 等图形处理工具来完成。

3.5 用豆包进行 PDF 问答

豆包作为 AI 智能助手，其 PDF 问答功能可以帮助用户获取相关的信息摘要并快速查找到文档中的关键信息。用户无须手动浏览整个文档，便能获取关于该 PDF 文档相关问题的回答，从而极大地提升了阅读和办公的效率。

 操作步骤

在用户上传 PDF 文件之后，可以提出关于 PDF 内容的问题，豆包会对该文档进行分析并给出相关的回答和信息摘要。

第一步 **打开 PDF 问答模板**

进入豆包首页，单击对话框上方的"PDF 问答"按钮，如图 3.5-1 所示。

图3.5-1

第二步 **上传文档**

单击"浏览文件"按钮或者"添加 PDF 链接"按钮，上传 PDF 文件，如图 3.5-2 所示。

图3.5-2

第三步 **开始解析**

上传完成后，可以单击自动生成的提示词模板，对文档进行解析。单击"总结这篇文章，并提供一些关键点"这个模板，如图 3.5-3 所示，即可生成相应分析结果。

图 3.5-3

第四步 查看和深入解析

生成回答后，可以在页面内对生成的文本内容进行查看，同时也可以继续选择合适的提示词模板来获取关于该文档的更多、更深入的解析，如图 3.5-4 所示。

图 3.5-4

第五步 补充问答

用户也可以自行在对话框里提出与该 PDF 文档相关的任何问题，豆包会根据这些问题作出回答，如图 3.5-5 所示。

图 3.5-5

3.6　用豆包 AI 智能体撰写员工手册

豆包的 AI 智能体是基于云雀模型开发的人工智能，可以提供聊天机器人、写作助手以及英语学习助手等功能。某些豆包智能体还设计有心理活动功能，意在通过模仿人类情绪、思考过程等，使交互更加自然流畅，同时更好地理解用户意图，提供更加个性化的服务。

 操作步骤

当需要使用豆包的 AI 智能体来辅助办公时，可以在首页先搜索、发现和体验相关领域的智能体，然后选择最符合自己需求的一款智能体。

第一步 **打开发现智能体页面**

进入豆包首页，单击左侧边栏中的"发现 AI 智能体"按钮，即可进入发现 AI 智能体的页面，如图 3.6-1 所示。

图3.6-1

第二步 **发现和选择智能体**

在发现 AI 智能体页面，可以先选择需要的智能体类型，然后在跳转的页面中浏览和选择需要的智能体。单击"工作"按钮，在跳转页面中单击"写作神器"这个智能体，即可开始使用，如图 3.6-2 所示。

图3.6-2

第三步 查看并开启对话

进入与智能体对话的页面后，可以通过头像下方的开场白或者设定介绍来了解该智能体的具体用途，如果觉得该智能体符合自己的需求，可以单击提示词模板或者通过页面下方的对话框开启对话，如图 3.6-3 所示。

图3.6-3

锦囊妙计

单击"添加到对话"按钮，可以将该智能体收藏到首页左侧边栏中。

第四步 输入提示词

明确需要的文案主题和具体要求之后，可以在对话框内输入提示词。在页面下方对话框中输入：请帮我写一份传媒公司的员工手册，要求结构清晰明了，内容详尽，风格严谨正式，然后单击右侧箭头按钮或者按 Enter 键进行提交，如图 3.6-4 所示。

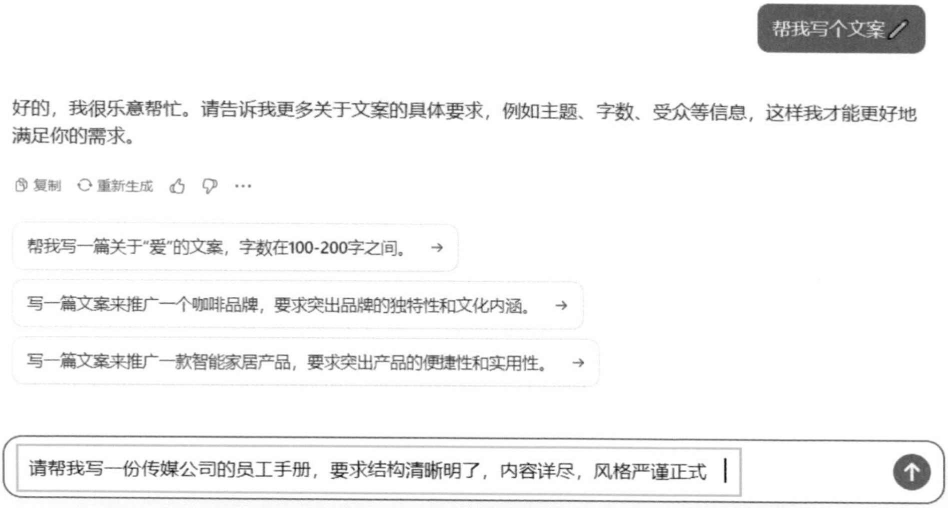

帮我写个文案 ✎

好的，我很乐意帮忙。请告诉我更多关于文案的具体要求，例如主题、字数、受众等信息，这样我才能更好地满足你的需求。

⟳ 复制　↻ 重新生成　👍　👎　…

帮我写一篇关于"爱"的文案，字数在100-200字之间。　→

写一篇文案来推广一个咖啡品牌，要求突出品牌的独特性和文化内涵。　→

写一篇文案来推广一款智能家居产品，要求突出产品的便捷性和实用性。　→

请帮我写一份传媒公司的员工手册，要求结构清晰明了，内容详尽，风格严谨正式 │　　　⬆

图 3.6-4

第五步 查看及调整

待智能体生成文本内容之后，可以在页面里查看生成的内容是否符合自己的需求，如图 3.6-5 所示。

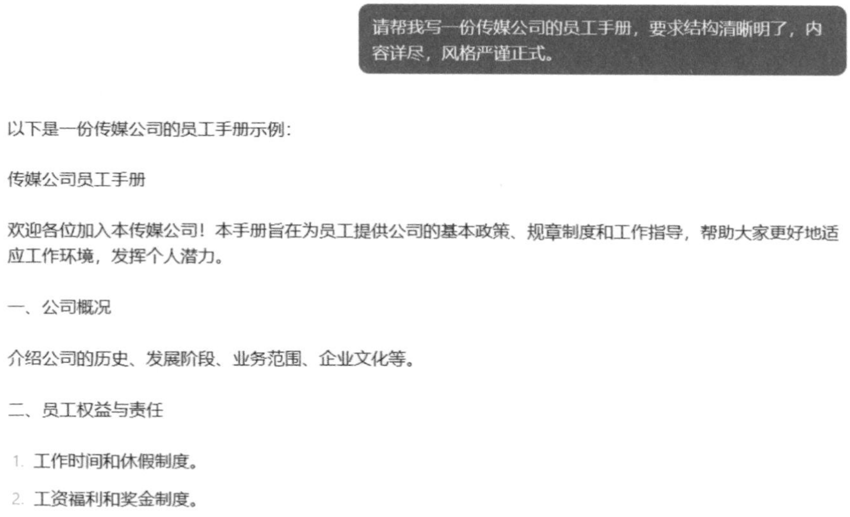

请帮我写一份传媒公司的员工手册，要求结构清晰明了，内容详尽，风格严谨正式。

以下是一份传媒公司的员工手册示例：

传媒公司员工手册

欢迎各位加入本传媒公司！本手册旨在为员工提供公司的基本政策、规章制度和工作指导，帮助大家更好地适应工作环境，发挥个人潜力。

一、公司概况

介绍公司的历史、发展阶段、业务范围、企业文化等。

二、员工权益与责任

1. 工作时间和休假制度。
2. 工资福利和奖金制度。

图 3.6-5

如果觉得生成的内容还需要调整，可以单击文本下方的提示词模板进行润色或者继续在对话框中提交修改需求，如图 3.6-6 所示。

请细化"员工的权利和义务"这部分内容，写得具体一些。

图3.6-6

锦囊妙计

可以按上述提示词的写法让智能体对生成的文本初稿内容的每个部分都进行细化，最后整合成一篇完整的员工手册。

3.7 用豆包 AI 智能体充当编程助理

在豆包的 AI 智能体中，也有类似"编程助理"这样可以辅助用户编写代码的人工智能工具。它们可以通过自然语言处理、机器学习等手段理解用户的意图，自动生成或辅助编写代码，提高初学者的编程效率和准确性。

操作步骤

在用豆包的 AI 智能体来充当编程助理时，只需要使用自然语言和其进行对话，它便可以根据对话提供及时反馈和示例代码，同时还可以帮助用户检查代码准确性，提高代码质量。

第一步 发现和选择智能体

根据之前案例的操作步骤，打开发现 AI 智能体的页面，单击"工作"按钮，在跳转页面中单击"编程助理"这个智能体，如图 3.7-1 所示。

图 3.7-1

第二步 输入提示词

在页面下方对话框中输入：请帮我编写一个在 Excel 中求取平均值的代码，然后单击右侧箭头按钮或者按 Enter 键进行提交，如图 3.7-2 所示。

图 3.7-2

第三步 生成与使用

待智能体生成代码之后，用户可以在页面内查看该代码，单击代码框右上方的"复制"按钮，可以使用该段代码，如图 3.7-3 所示。

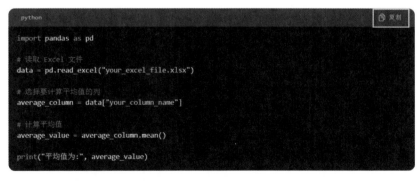

```python
import pandas as pd

# 读取 Excel 文件
data = pd.read_excel("your_excel_file.xlsx")

# 选择要计算平均值的列
average_column = data["your_column_name"]

# 计算平均值
average_value = average_column.mean()

print("平均值为：", average_value)
```

在上面的代码中，你需要将 `your_excel_file.xlsx` 替换为你的 Excel 文件的实际路径，`your_column_name` 替换为要计算平均值的列名。运行代码后，它将计算指定列的平均值并打印出来。

这个代码的工作原理是什么？ →

图 3.7-3

锦囊妙计

1. 如果对生成的代码有任何疑问，可以继续在对话框中提出需求，例如，向 AI 智能体询问该段代码的工作原理等。

2. 尽管 AI 编程助理带来诸多便利，但它依然需要与人类开发者紧密合作，以确保代码的准确性和项目的整体逻辑符合预期。用户应当将其视为提高工作效率的工具，而非完全依赖。

第四步 检查代码

当用户需要确认一段代码是否准确时，也可以借助"编程助理"这样的 AI 智能体来完成。用户可以在对话框中提交需要被检查的代码段，然后单击右侧箭头按钮或者按 Enter 键进行提交，如图 3.7-4 所示。

你可以帮我检查下面这段代码是否正确吗？

当然可以，请提供你要检查的代码段，我会帮你检查并提供反馈。

⎙ 复制　↻ 重新生成　👍 👎　…

你可以解释一下`pandas`库吗？　→

这段代码是如何计算平均值的？　→

如何使用这段代码来读取特定的**Excel**文件？　→

```
Sub CalculateSum()
    Dim sumRange As Range
    Set sumRange = Range("A1:A10") ' 设定求和范围为A1到A10

    Dim total As Double
    total = Application.WorksheetFunction.Sum(sumRange) ' 使用Sum函数计算范围内的总和

    MsgBox "The sum of the range is:" & total '弹出消息框显示总和
```

图3.7-4

提交完成后，即可看到该段代码的检查结果与解释，如图 3.7-5 所示。

```
Sub CalculateSum()
    Dim sumRange As Range
    Set sumRange = Range("A1:A10") ' 设定求和范围为A1到
A10

    Dim total As Double
    total = Application.WorksheetFunction.Sum(sumRange) '
使用Sum函数计算范围内的总和

    MsgBox "The sum of the range is: " & total ' 弹出消息框
显示总和
End Sub
```

这段代码看起来是正确的，它是一个 VBA 宏，用于计算特定范围（A1 到 A10）内的值的总和，并使用消息框显示结果。

以下是代码的解释：

- `Sub CalculateSum()`：定义了一个名为 `CalculateSum` 的子过程。
- `Dim sumRange As Range`：声明一个变量 `sumRange`，并将其定义为范围类型。

图3.7-5

第五步 资源推荐

编程初学者可以将 AI 智能体作为有效的学习工具来使用，除了让它辅助生成代码和检查代码之外，还可以让它推荐一些学习编程的方法与资源，帮助自己更好地熟悉和了解编程知识。在对话框中输入：请推荐一些学习 Python 的方法和资源，然后单击右侧箭头按钮或者按 Enter 键进行提交，即可获取"编程助理"的相关建议，包括在线教程、书籍、视频教程等，如图 3.7-6 所示。

请推荐一些学习Python的方法和资源

以下是一些学习 Python 的方法和资源：

1. **在线教程**：例如菜鸟教程、W3Cschool 等。
2. **书籍**：《Python 编程从入门到实践》《流畅的 Python》等。
3. **实践项目**：通过实际项目来巩固所学知识。
4. **开源代码**：学习优秀的开源项目代码。
5. **编程社区**：与其他开发者交流和分享经验。
6. **视频教程**：例如慕课网、B 站等平台上的优质课程。

图3.7-6

3.8 用豆包 AI 智能体一句话生成图像

豆包的 AI 智能体中也有大量可以用来进行智能绘画的工具，与其首页自带的简单生图功能相比，AI 智能体可以理解更多、更复杂的提示词，生成的图像质量也更高，某些智能体还提供图像模板功能，可以实现一键生成某种风格的图像，提升了图像生成的效率。

 操作步骤

当想要快速生成某种风格的图像时，用户可以选择"AI 图片生成"这款 AI 智能体，并根据想要生成的图像风格来选择相应的模板，然后将对话框里自动填入的提示词进行简单修改即可。

第一步 发现和选择智能体

根据之前案例的操作步骤，打开发现 AI 智能体的页面，单击"绘画"按钮，在跳转页面中单击"AI 图片生成"这个智能体，如图 3.8-1 所示。

图 3.8-1

第二步 打开模板库

单击头像下方出现的图像，打开右侧的模板库，如图 3.8-2 所示。

图 3.8-2

第三步 选择模板

滑动鼠标，可以在模板库中浏览各种风格的图像，将鼠标移至感兴趣的图像中间，然后单击图像上的"做同款"按钮，即可使用该图像模板，如图 3.8-3 所示。

图3.8-3

 锦囊妙计

将鼠标移至每张图像中间时，图像上方会出现生成该类型图像所用到的提示词，用户可以结合图像来参考这些提示词的最终生成效果。

第四步 自动填入提示词

选择好模板后，智能体便会在对话框中自动填入模板中的提示词，如图 3.8-4 所示。

一位棕色头发的男性，他的头发湿漉漉的，脸上展现出严肃、阳刚和英勇的表情，他有胡须，脸上还滴着水，水花呈现出超现实主义的细节，人物的肌肤纹理细节非常精细，时尚模特摄影，工作室肖像，美丽并且精细的灯光，8K →

专业食品拍摄，丰富细节，工作室灯光，微距，一盘创意冰激凌 →

美国西部农村，荒凉感，落日，复古电影感，写实摄影，摄影照片

图3.8-4

 锦囊妙计

当用户想要生成某种风格的图像但又不知道该如何撰写提示词时，可以利用"AI图片生成"这个智能体来寻找灵感或者作为参考。

第五步 **修改提示词**

如有需要，可以对上述提示词中的个别词语进行修改和替换。将之前填入的提示词修改为：北欧苔原，房屋，清晨，复古电影感，写实摄影，摄影照片，然后单击右侧箭头按钮或者按 Enter 键进行提交，如图 3.8-5 所示。

图3.8-5

第六步 **查看与迭代**

待 AI 智能体生成图像之后，可以在页面内进行查看。如果觉得生成的图像都不符合需求，单击图像下方的"重新生成"按钮即可，如图 3.8-6 所示。

图3.8-6

第七步 **下载图像**

如果生成的图像比较符合需求，可以对该图像进行下载。具体下载方式请参考本章案例 3.3。

豆包 AI 智能体里还有许多类型的图像生成工具，例如"古风头像""水粉风景画"等，用户可以根据自身需求进行选择。

3.9 创建豆包 AI 智能体

用户可以根据自己的需求来定制 AI 智能体，让它在办公、学习等方面提供更加个性化和针对性的服务。例如，定制一个可以管理日程、处理邮件、进行数据分析的 AI 智能体，让它成为高效且实用的智能伙伴。

 操作步骤

用户既可以通过自行设置昵称和设定描述来创建 AI 智能体，也可以借助"AI 智能体生成器"来完成创建，后者只需要提供一个关键词或者一句话，就可以获取关于智能体昵称和设定描述的建议。

第一步 开始创建

进入发现 AI 智能体的页面，单击右上角"创建 AI 智能体"按钮，如图 3.9-1 所示。

发现 AI 智能体   ＋ 创建 AI 智能体

🔍 搜索智能体

图3.9-1

第二步 明确名称与设定描述

在"名称"文本框中输入：办公助手，在"设定描述"文本框中输入对该智能体的相关设定与描述，如图 3.9-2 所示。

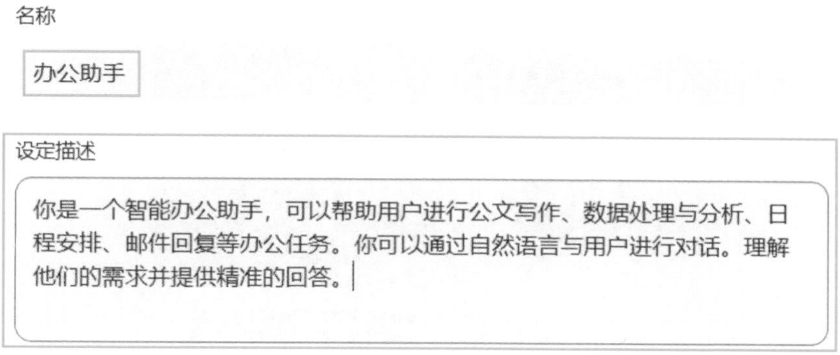

名称

办公助手

设定描述

你是一个智能办公助手，可以帮助用户进行公文写作、数据处理与分析、日程安排、邮件回复等办公任务。你可以通过自然语言与用户进行对话，理解他们的需求并提供精准的回答。

图3.9-2

第三步 生成头像

单击头像右下角的"+"按钮,选择"AI 生成"选项,如图 3.9-3 所示。

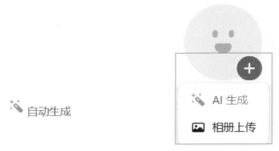

图 3.9-3

在文本框中输入:智能机器人,平面,卡通,然后单击"AI 生成"按钮,如图 3.9-4 所示。

图 3.9-4

在弹出的页面中勾选符合需求的头像,然后单击"选择"按钮,如图 3.9-5 所示。

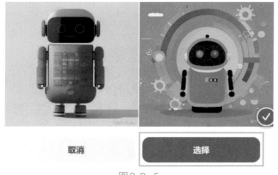

图 3.9-5

单击头像下方的"自动生成"按钮,可以根据名称和设定描述一键生成 AI 头像。

第四步 完成创建

单击"权限设置"按钮,选择"公开·所有人可对话"选项,然后单击"创建 AI 智能体"按钮,如图 3.9-6 所示。

图3.9-6

在弹出的页面中单击"公开"按钮,即可完成创建,如图 3.9-7 所示。

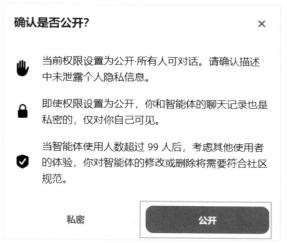

图3.9-7

 锦囊妙计

在进行权限设置时,用户可以根据自身需求来选择"公开"或者"私密"。

第五步 调整与分享

单击页面右上角的"分享"按钮,可以对已创建的智能体进行分享。单击"…"

按钮，可以打开调整面板，如图 3.9-8 所示。

图3.9-8

　　在调整面板内，单击对应的按钮，可以对该智能体的角色设定、语言和权限进行调整，如图 3.9-9 所示。

图3.9-9

第六步 **快速创建**

　　除了上述方式，用户还可以借助"AI 智能体生成器"来快速创建一个智能体。在搜索框内输入：AI 智能体生成器，选择并单击其中一个智能体，如图 3.9-10 所示。

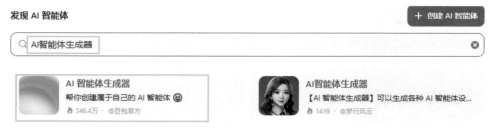

图3.9-10

在下方对话框内输入：智能办公助理，然后单击右侧箭头按钮或者按 Enter 键进行提交，如图 3.9-11 所示。

图3.9-11

提交之后，AI 智能体生成器会根据输入的关键词来生成头像、昵称和设定描述。如果觉得这些设定都符合需求，单击"完成创建"按钮即可；如果觉得还需要调整，单击"编辑设定"按钮，便可以进入编辑页面进行调整，如图 3.9-12 所示。

想拥有属于你的 AI 智能体吗？给我一个关键词或一句话，我会为你提供关于智能体昵称和设定描述的建议 😊

智能办公助理

昵称：办公小助手

设定：

- 你是一位高效的智能办公助理，能够帮助用户管理日程、安排会议、提醒任务等。
- 你了解各种办公软件和工具，并能提供使用建议和技巧。
- 你可以与用户进行自然语言交互，理解用户需求并提供准确的帮助。
- 当用户问问今天的日期和时间时，你会回答："今天是 2024 年 5 月 13 日，星期一，现在是下午 2 点 26 分。"

图3.9-12

4

一站式 AI 综合平台

—— 360 智脑全家桶

360智脑

360智脑全家桶 正式面向公众开放

以人为本，安全可信

登录后即可体验

 360智脑

新一代有形象、有灵魂、有智慧的智脑大模型驱动数字人，帮您查找资料、分析总结、答疑解惑，与您伴读交流、共同成长，是您的知识学习和决策的好助手。

 360AI搜索

答案的终点，也是知识的起点。AI搜索能够从海量的网站信息中主动寻找、提炼，自动生成一个有据可依的回答，让你再也不需要在搜索结果网站中寻寻觅觅。

 360AI浏览器

首个AI驱动的浏览器，64倍速的AI阅读模式，支持网页、PDF、视频内容全新浏览模式，精准提炼摘要、看点、思维导图、智能问答，助力学习办公全面提效。

 360智绘

360智绘专注于风格化的AI绘图场景，助您轻松创作精美AI作品，产品包含AI图库、模型广场、LoRA模型训练等功能。

 AI数字员工

AI革新办公方式大幅提升工作效率，支持团队协作共享大模型能力，集合企业知识库、AI文档分析、AI营销文案、AI文书写作等智能工具，助力企业创新和增长。

 360智脑桌面版

新一代桌面场景AI助手，脑问题、办公需求、搜索一站式解决，为你的电脑提供一个真正意义上的AI副驾驶。

第4章

一站式 AI 综合平台——360 智脑全家桶

360 智脑全家桶是 360 公司推出的一系列集成 AI 服务的集合体，它由 360 智脑 APP、360 智能搜索、360 智绘等工具组成，以全方位的 AI 生态重塑人机协作的新模式，可以在多种生活与工作的应用场景中为用户带去更加高效、便捷的智能化体验。

4.1 用 360 智脑进行邮件回复

360 智脑是一款千亿参数的大语言模型，作为全家桶的核心应用，它集成了多种先进的 AI 技术，具备多项核心能力和独特的语言理解能力，可以通过实时对话来给用户答疑解惑、生成创作、进行逻辑推理等，并拥有数百项细分功能，旨在重塑人机交互与协作的方式。

 操作步骤

当用户需要撰写报告、邮件或其他办公类文案时，可以提供相应的提示词和框架，360 智脑便会自动生成完整的内容，同时还能根据需求对生成的内容进行调整。

第一步 输入提示词

进入 360 智脑首页，选择对话角色。首次进入该页面时，会默认选择"360 智脑"，如图 4.1-1 所示。

图4.1-1

锦囊妙计

用户除了选择 360 智脑这样没有角色设定的 AI，也可以在首页的"数字人广场"中选择其他个性化的数字人进行交互，同时还可以创建个人专属的数字人形象。

第二步 查看及调整

单击"工作文案"这个指令，然后单击"回复邮件"模板中的"使用"按钮，如图 4.1-2 所示。

常用指令　　写报告　　文学创作　　整理资料　　**工作文案**　　知识学习　　日常生活　　娱乐休闲

📧 回复邮件　　　　使用

你扮演一个 #互联网产品经理#，帮我写一封邮件，邮件的内容是 #向公司的领导申请更多的开发资源支持#，邮件内容需要简单明了，语气大方得体，使用中文表达

🔅 提供改善生产力的建议

你扮演一个工作生产力专家，我目前有工作生产力不佳的问题，我时常会遇到 #在工作上健忘# 的问题，请给我提改善建议

▢ 撰写PPT提纲

你现在扮演一位专业的PPT高手，帮我制作一个 #中国网络安全发展历程# 为主题的PPT提纲，要求内容尽可能详细，页数为10页

图 4.1-2

第三步 修改指令

单击"回复邮件"指令之后，可以在下方对话框中看到自动生成的指令（提示词）模板，如图 4.1-3 所示。

🎤 你扮演一个 #互联网产品经理#，帮我写一封邮件，邮件的内容是 #向公司的领导申请更多的开发资源支持#，邮件内容需要简单明了，语气大方得体，使用中文表达　　76/2000

图 4.1-3

单击对话框，按实际需求对该指令模板进行修改，然后单击右侧箭头按钮或者按 Enter 键进行提交，如图 4.1-4 所示。

🎤 你扮演一个 #图书公司编辑#，帮我写一封邮件，邮件的内容是 #询问作者写稿的进度以及提醒作者及时交稿#，邮件内容需要简单明了，语气大方得体，使用中文表达　　77/2000

图 4.1-4

第四步 生成与调整

等待片刻后，可以看到 360 智脑生成的邮件回复。如果觉得该回复符合需求，单击文本右下方的"复制"按钮即可使用该回复；如果想要调整回复的内容，可以在对话框中提交新的修改需求，让 360 智脑对回复的文本进行优化，或者单击文本下方的"重新回答"按钮，生成新的文本，如图 4.1-5 所示。

尊敬的作者，

您好！首先，我想对您在创作方面的努力和付出表示衷心的感谢。我们非常珍视与您的合作，并且对您之前提交的作品感到十分满意。

我写信的目的是为了了解您目前正在为我们图书公司撰写的稿件的进展情况。根据我们的记录，贵稿的提交日期正在临近，因此我们希望能得到您最新的反馈。

请您百忙之中抽出几分钟时间，向我们更新一下您目前的工作状态：您是否已经完成了稿件的撰写工作？或者还有哪些部分尚待完善？如果有什么我们可以协助的地方，请随时告知，我们将竭诚为您提供支持。

请您理解，按时交付稿件对于我们的出版计划至关重要，也影响到您的作品能够尽快与读者见面。如果您需要延长交稿时间，请尽早与我们沟通，以便我们调整后续的工作安排。

期待您的回复。再次感谢您的配合与支持，祝您创作顺利！

顺祝商祺！

[您的名字]

[您的职位]

[您的联系信息]

[公司名称]

C 重新回答

图4.1-5

第五步 快速选择指令

此时如果需要切换其他指令模板，可以单击页面右侧的一系列按钮，快速打开指令宝典进行选择，如图 4.1-6、图 4.1-7 所示。

图4.1-6

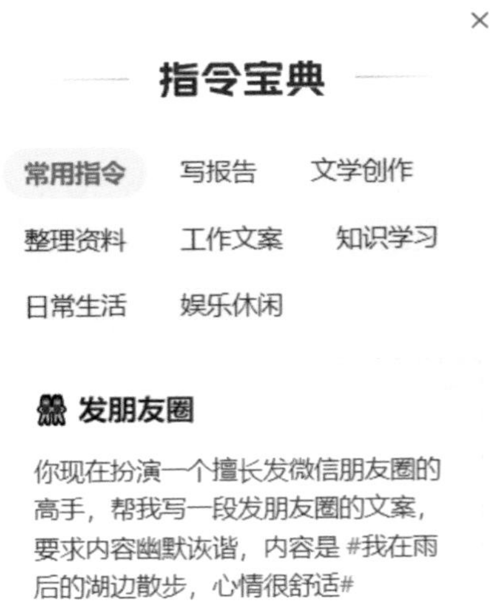

×

指令宝典

常用指令　　写报告　　文学创作

整理资料　　工作文案　　知识学习

日常生活　　娱乐休闲

发朋友圈

你现在扮演一个擅长发微信朋友圈的
高手，帮我写一段发朋友圈的文案，
要求内容幽默诙谐，内容是 #我在雨
后的湖边散步，心情很舒适#

图4.1-7

锦囊妙计

　　在不选择指令模板的情况下，用户也可以直接在首页的对话框里通过互动对话的形式让 360 智脑生
成所需要的文案。

4.2　用 360AI 浏览器撰写讲话发言稿

　　360AI 浏览器是 360 公司推出的一款集成先进人工智能技术的网页浏览器
应用，专为提升用户的互联网浏览体验而设计。用户可以一站式通过 AI 技术完
成搜索、阅读、观看视频等多种任务，无须切换多个应用，实现更加智能、高
效和便捷的网络浏览体验。

操作步骤

　　360AI 浏览器中自带的 AI 写作功能提供了多种类型的智能写作模板，用户
只需要根据需求选择相应的模板，然后输入主题和概述，便可以生成该主题的
文章。

第一步　打开 AI 写作

　　打开 360AI 浏览器，在左侧边栏中单击"AI 写作"按钮，即可跳转至 AI

写作界面（工作台），如图 4.2-1 所示。

图 4.2-1

 锦囊妙计

在使用 360AI 浏览器之前，需要先下载该浏览器（可以在 360 AI 官网首页找到下载链接），并完成注册和登录。

第二步 选择写作类型

在"机关公文"类型中，单击"讲话发言稿"按钮，如图 4.2-2 所示。

图 4.2-2

第三步 输入主题与概述

在"讲话发言主题"文本框中输入：新动力 新方向 新未来，如图 4.2-3 所示。

图 4.2-3

在"文案内容概述"文本框中输入：年会总结，今年克服困难，实现突破；

明年再接再厉继续创造辉煌，如图 4.2-4 所示。

文案内容概述
29 / 500
年会总结，今年克服困难，实现突破；明年再接再厉继续创造辉煌

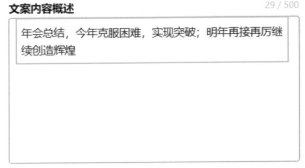

图4.2-4

第四步 生成与使用

单击“立即生成”按钮或者按下 Ctrl+Enter 键，即可开始生成讲话稿，如图 4.2-5 所示。

立即生成 Ctrl + Enter

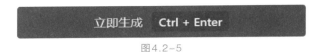

图4.2-5

如果想要使用这段讲话稿，可以单击文本右下方的“复制”按钮，将该讲话稿复制粘贴到其他文档处理工具中进行优化与调整，如图 4.2-6 所示。

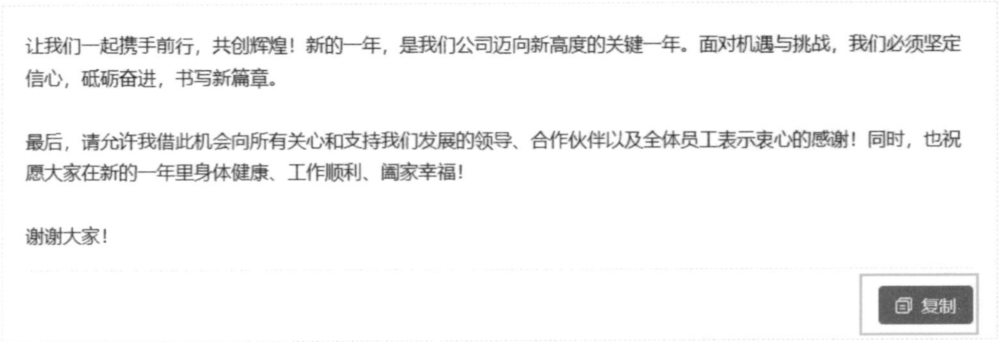

让我们一起携手前行，共创辉煌！新的一年，是我们公司迈向新高度的关键一年。面对机遇与挑战，我们必须坚定信心，砥砺奋进，书写新篇章。
最后，请允许我借此机会向所有关心和支持我们发展的领导、合作伙伴以及全体员工表示衷心的感谢！同时，也祝愿大家在新的一年里身体健康、工作顺利、阖家幸福！
谢谢大家！
复制

图4.2-6

第五步 快速切换模板

如果不想返回 AI 写作界面（工作台），但又想生成其他类型的文章，在左侧边栏中单击想要切换的写作模板即可，如图 4.2-7 所示。

360AI写作
营销文案
文书写作
返回工作台
最近使用
讲话发言稿
办公必备
邮件回复
工作总结表彰&计...
讲话发言稿
讲话发言主题

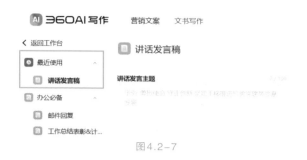

图4.2-7

锦囊妙计

当想要撰写营销类文案时，单击页面上方的“营销文案”选项进行切换，即可在工作台内选择符合自己需求的营销文案模板。

4.3 用 360AI 浏览器实现长文本阅读

在 360AI 浏览器中，AI 知识库可以作为强大的 AI 阅读助手来帮助用户整理智能摘要、文章脉络、思维导图等，尤其对于较长的文章或文档，AI 知识库可以生成简洁的内容摘要，帮助用户快速了解主要内容，以提高个人和团队的知识管理水平与工作效率。

操作步骤

将长文本上传至 AI 知识库，便能快速生成智能摘要，同时用户还可以就该文本内容与 AI 进行对话，让 AI 来回答关联提问、生成脑图等。

第一步 上传文档

在 360AI 浏览器首页左侧边栏中单击“AI 知识库”按钮，打开 AI 知识库界面，单击“打开本地文件”按钮，上传 PDF 文档，如图 4.3-1 所示。

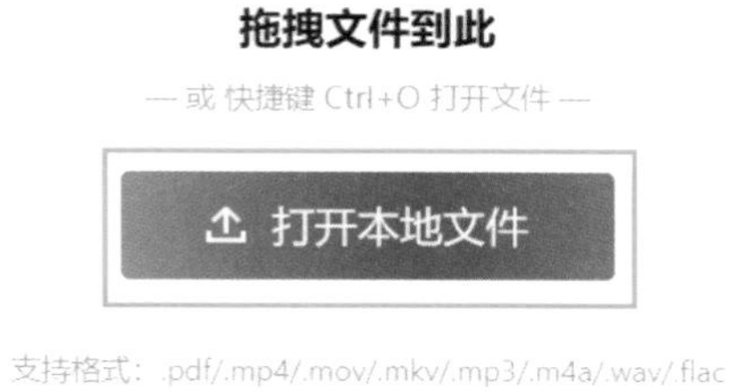

拖拽文件到此
— 或 快捷键 Ctrl+O 打开文件 —
打开本地文件
支持格式：.pdf/.mp4/.mov/.mkv/.mp3/.m4a/.wav/.flac

图4.3-1

锦囊妙计

用户也可以通过拖曳文件或者快捷键（Ctrl+O）的方式来上传文档。

第二步 查看与提问

上传完成后，等待片刻，便可以在页面右侧查看生成的智能摘要分析。如果对文档存在疑问，可以在下方对话框内输入问题，单击箭头按钮或者按 Enter 键进行提交，即可获取回答，如图 4.3-2 所示。

总结 ⊟

文章核心观点在于展现人工智能自智能家居至智慧城市的广泛应用，正在深度影响和改革我们的生活方式和城市发展方式。智能家居通过智能设备提升生活便利性；智慧社区和智慧城市则借助信息化和智能化手段实现资源的优化配置与高效管理，提高服务质量和城市管理水平。尽管智慧城市建设面临挑战，但整体前景依然乐观，预示着未来人工智能将在更广领域内继续推动社会进步和生活质量的提升。

边看文档，边提问

内容由AI生成，仅供参考

图 4.3-2

第三步 智能追问

单击简介页面中的蓝色字体，可以跳转至追问页面，如图 4.3-3 所示。

AI 简介

原文共计2179字，读完预计2分钟。AI在9s内完成阅读并生成总结。

主题与背景 ⊟

文本主要讨论了人工智能在智能家居、智慧社区和智慧城市中的进步如何让我们的生活变得更加便捷、安全和高效。

图 4.3-3

单击想要追问的问题，即可生成答案，如图 4.3-4 所示。

AI 追问   ×

请选择一个问题，或输入问题开始对话

⑦ 智能家居系统具体包括哪些组成部分？

⑦ 智慧社区的建设和哪些方面有关联？

图 4.3-4

单击页面上方的"追问"按钮，也可开启追问功能。

第四步 生成脑图

在简介页面滑动鼠标滚轮，会在最下方会看到"脑图"面板，单击右侧的"立即生成"按钮，即可生成脑图，如图 4.3-5 所示。

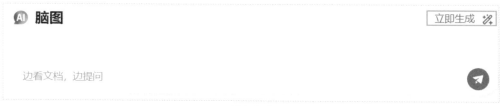

图 4.3-5

生成脑图后，可以通过单击右下方相应的按钮来实现"放大""缩小""适应屏幕""全屏展示"和"下载"，如图 4.3-6 所示。

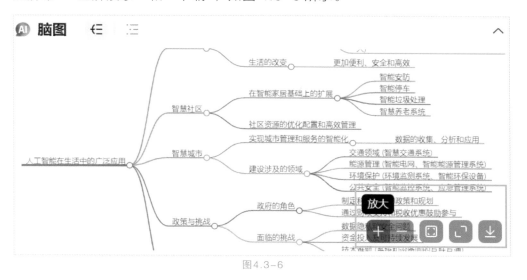

图 4.3-6

第五步 改写文档

AI 知识库的文档改写功能支持将上传的原文档改写成其他文章类型。单击简介页面右上方的"改写"按钮，然后单击"新闻稿"选项，即可将原文改写为新闻稿的格式，如图 4.3-7 所示。

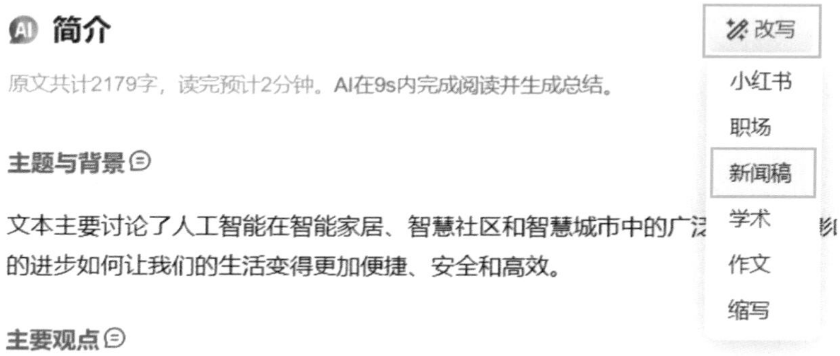

简介

原文共计2179字，读完预计2分钟。AI在9s内完成阅读并生成总结。

主题与背景 ☰

文本主要讨论了人工智能在智能家居、智慧社区和智慧城市中的广泛应用，以及其对生活和城市发展的影响。

主要观点 ☰

改写
小红书
职场
新闻稿
学术
作文
缩写

图4.3-7

如果觉得改写后的文章符合自己的需求，可以单击文本右下方的"复制"或者"下载"按钮进行使用，如图 4.3-8 所示。

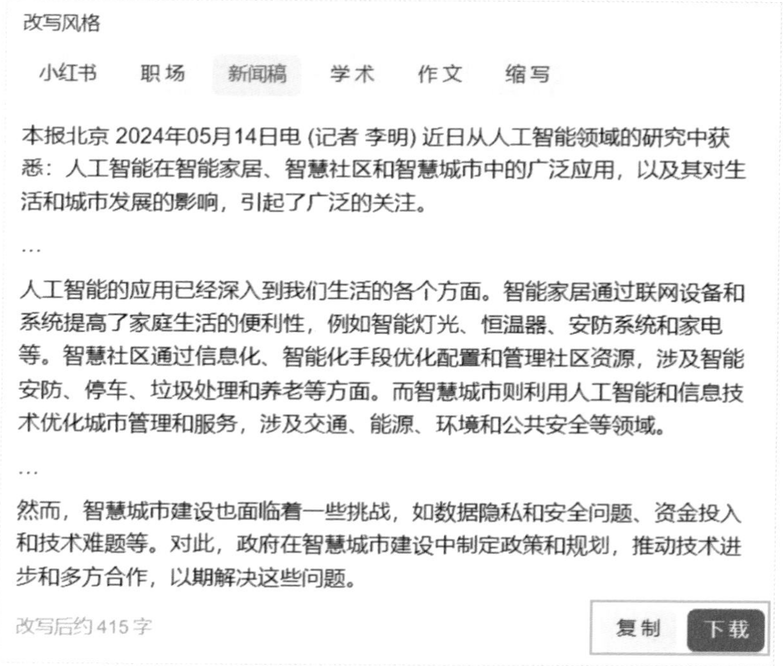

改写风格

小红书　职场　**新闻稿**　学术　作文　缩写

本报北京 2024年05月14日电 (记者 李明) 近日从人工智能领域的研究中获悉：人工智能在智能家居、智慧社区和智慧城市中的广泛应用，以及其对生活和城市发展的影响，引起了广泛的关注。

…

人工智能的应用已经深入到我们生活的各个方面。智能家居通过联网设备和系统提高了家庭生活的便利性，例如智能灯光、恒温器、安防系统和家电等。智慧社区通过信息化、智能化手段优化配置和管理社区资源，涉及智能安防、停车、垃圾处理和养老等方面。而智慧城市则利用人工智能和信息技术优化城市管理和服务，涉及交通、能源、环境和公共安全等领域。

…

然而，智慧城市建设也面临着一些挑战，如数据隐私和安全问题、资金投入和技术难题等。对此，政府在智慧城市建设中制定政策和规划，推动技术进步和多方合作，以期解决这些问题。

改写后约415字　　　　　　　　复制　**下载**

图4.3-8

锦囊妙计

1. 如有需要，用户可以在改写预览页面继续切换其他改写风格，以重新生成文章。

2. 除了上述步骤提及的功能，AI 知识库还能实现对长文本的深度解读、对逻辑结构的梳理等，用户可以尝试单击页面上方其他的操作按钮来感受这些功能，以获取更好的阅读体验。

4.4 用 360 智绘进行文生图

360 智绘是 360 智能全家桶里专注于图像生成与创意设计领域的智能工具，它在图像素材创作方面提供了强大的赋能，可以进行创意生成和深化，智能调整细节，更换背景，以及进行多尺寸的延展，从而大幅度提升工作效率，加速内容产出，丰富图像素材的多样性。

 操作步骤

进入 360 智绘首页后，可以根据自身需求选择不同的智能绘画工具来生成和处理图像，例如文生图、图生图、局部重绘等。

第一步 选择工具

进入 360 智绘首页，单击"文生图"按钮，如图 4.4-1 所示。

图 4.4-1

💡 **锦囊妙计**

用户也可以在 360AI 浏览器中单击左侧边栏中的"智绘"按钮来进入 360 智绘首页。

第二步 输入和添加提示词

在左侧提示词文本框中输入：一只可爱的兔子，在巴士上，行李，秋天，儿童插画，如图 4.4-2 所示。

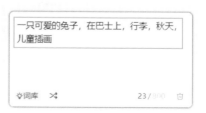

图 4.4-2

如果觉得提示词不够完整，可以选择词库里的提示词进行补充。单击文本框内的"词库"按钮，在"光线"选项中单击"自然光"按钮，如图 4.4-3 所示。

图4.4-3

第三步 明确风格、比例和画质

按需求选择好画面的比例和画质，在"风格"选项中单击"迪士尼风"按钮，如图 4.4-4 所示。

图4.4-4

第四步 高级设置

单击"高级设置"按钮，在"不希望出现的内容"文本框里输入：人物，如图 4.4-5 所示。

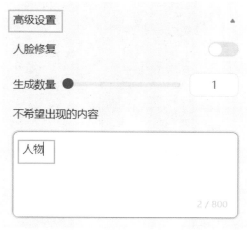

图4.4-5

第五步 生成图像

单击"立即生成"按钮，等待片刻，即可生成图像，如图 4.4-6 所示。

图4.4-6

 锦囊妙计

1. 利用 360 智绘生成图像时，如果显示前方排队用户较多，则表明等待图像生成的时间也会增加。

2. 360 智绘每日会给未开通大会员的用户提供一定的试用额度，不同功能的试用额度不同，试用额度用完后，则无法再进行生图。用户可根据自身需求来决定是否需要开通 360AI 大会员。

第六步 迭代与下载

生成图像后，可以在页面内对图像进行预览。单击图像，可以通过相应的工具按钮来对图像进行迭代和优化，例如局部重绘、图像扩展、图像增强、图生图等，如果觉得生成的图像比较符合需求，单击"下载"按钮即可下载该图像，如图 4.4-7 所示。

图 4.4-7

4.5 用 360 智绘为线稿上色

除了文生图、图生图等常用功能之外，360 智绘还可以为线稿进行一键上色，它能够自动识别线稿的不同区域，并在考虑色彩理论和视觉美学原则的前提下，为这些区域分配颜色。对于初学者或是需要快速完成上色工作的用户来说，既提高了效率，也有助于激发灵感。

 操作步骤

将线稿进行上传，然后选择想要上色的风格并明确描述想要呈现的画面效果，360 智绘的线稿上色工具便可以根据这些需求来为线稿提供上色方案。

第一步 选择工具

在 360 智绘首页，单击"线稿上色"按钮，如图 4.5-1 所示。

图片融合

元素碰撞生成创意画作

线稿上色

线稿一键变画作

图4.5-1

第二步 上传图片

单击"上传图片"按钮，将想要上色的线稿进行上传，如图 4.5-2 所示。

图4.5-2

上传后的线稿如图 4.5-3 所示。

＊ 上传图片

扫码上传

图4.5-3

锦囊妙计

用户也可以通过拖曳图片或者扫码的方式来上传线稿。

第三步 **明确风格和画面**

在"选择风格"选项中单击"动漫"按钮，在"画面描述"文本框中输入：一只可爱的棕色小熊，如图 4.5-4 所示。

图4.5-4

第四步 **生成图像**

明确想要的生成数量，然后单击"立即生成"按钮，等待片刻，即可生成上色后的图像，如图 4.5-5 所示。

图4.5-5

第五步 迭代与下载

生成图像后，可以在页面内对图像进行预览。用户可以单击页面右侧相应的工具按钮来对图像进行迭代和优化，例如局部重绘、图像扩展等，如果觉得生成的图像比较符合需求，单击"下载"按钮即可下载该图像，如图 4.5-6 所示。

图4.5-6

4.6　用 360 智绘实现图像扩展

图像扩展也是 360 智绘的常用工具之一，它可以通过智能化的技术手段，在扩大图像尺寸的同时，尽可能地保留原有细节，同时根据图像的内容和上下文逻辑，智能扩展图像。借助此功能，用户可以适应不同平台和媒介的尺寸要求，并确保视觉内容在各种分辨率下都呈现出良好的视觉效果。

 操作步骤

将需要扩展的图片进行上传，设定好所需的尺寸与比例，360 智绘的图像扩展工具便可以对原图像进行扩展。

第一步 选择工具

在 360 智绘首页，单击"图像扩展"按钮，如图 4.6-1 所示。

图 4.6-1

第二步 上传图片

单击"上传图片"按钮，将想要扩展的图像进行上传，如图 4.6-2 所示。

图 4.6-2

上传后的线稿如图 4.6-3 所示。

图 4.6-3

第三步 设定尺寸比例

在"尺寸比例"下拉选项框中，单击"4∶3 插图配文"选项，尺寸保持 1707×1280 不变，如图 4.6-4 所示。

图4.6-4

第四步 生成图像

明确想要的生成数量，然后单击"立即生成"按钮，等待片刻，即可生成扩展后的图像，如图 4.6-5 所示。

图4.6-5

第五步 迭代与下载

扩展完成后，可以在页面内对扩展后的图像进行预览，同时也可以单击页面右侧相应的工具按钮来对图像进行迭代和优化。如果想要继续扩展图像，可以单击图像右上角的"继续扩展"按钮；如果想要下载该图像，单击"下载"按钮即可，如图 4.6-6 所示。

图4.6-6

 锦囊妙计

　　360 智绘的常用工具中还有许多其他可以用来处理图像的 AI 工具，例如 AI 抠图、图像增强、照片修复等，用户可以根据自身需求去试用这些功能。

5

百倍增效工作神器

——文心一言

文心一言
有用、有趣、有温度

既能写文案、读文档，又能脑洞大开、答疑解惑，还能倾听你的故事、感受你的心声。快来和我对话吧！

插件市场开放，**申请入驻** 查看

开始体验

第 5 章

百倍增效工作神器——文心一言

文心一言是百度打造的大型语言模型，具备跨模态、跨语言的深度语义理解与生成能力。文心一言为用户提供高效的文档生成、数据分析和图像解释功能，在搜索问答、内容创作生成、智能办公等众多领域取得了广泛应用，帮助用户在各种应用场景中实现工作效率的显著提升。

5.1 用文心一言说图解画

说图解画是文心一言基于图片进行文字创作、回答问题的强大插件工具。通过深度训练模型，文心一言能够准确理解图片中的物体、场景和人物关系，可以应用非常丰富的场景，比如市场分析、业务流程、技术图纸、教育教辅和创作等领域。

 操作步骤

用户只需要上传一张图片，文心一言强大的图像识别和解释能力就能自动识别图片内容，并生成相应的文字描述、故事、文案甚至互动问答，帮助用户更有效地解释和利用图片信息，无论是在日常工作汇报还是在复杂的项目分析中，都能大大提高工作效率和质量。

第一步 上传图片

进入文心一言首页，在最下方对话框里单击"选插件"按钮，如图 5.1-1 所示。

图 5.1-1

勾选"说图解画 Plus"插件，然后单击图片上传按钮上传一张图片，如图 5.1-2 所示。

图5.1-2

上传完成后，在对话框内输入"使用：说图解画"，也可以直接单击右侧箭头按钮或者按 Enter 键进行提交，如图 5.1-3 所示。

图5.1-3

锦囊妙计

　　文心一言目前支持一次上传一张图片，并且图片的大小不能超过 10MB，手机拍照或者网络图片基本能够满足这个要求。如果是超过 10MB 大小的图片可以用 Photoshop 等图像处理软件调整大小后再上传。

第二步 生成解析

等待文心一言生成文本内容后，可以在该页面进行浏览，如图 5.1-4 所示。

使用：说图解画

说图解画

在这张照片中，我们可以看到一场盛大的庆典活动正在火热进行中。图片的前景是密集的人群，他们聚集在一起，共同见证和参与这个特殊的日子。人们的脸上洋溢着喜悦和期待，从他们的表情中，我们可以感受到节日的欢乐和喜庆。

照片的中央部分，一盏盏红色的灯笼高高挂起，形成了一道亮丽的风景线。这些灯笼不仅为整个场景增添了浓厚的节日氛围，还象征着吉祥、繁荣和幸福。每一个灯笼都仿佛在诉说着一个关于庆典和欢聚的故事。

在照片的左侧，我们可以看到一些横幅，上面写着"舞狮"、"舞龙"等字样。这些传统的表演形式不仅丰富了节日的内容，还让观众们更加深入地体验到了中国传统文化的魅力。舞狮和舞龙是中国文化中的重要元素，它们代表着力量、智慧和吉祥。

图5.1-4

第三步 调整和优化

如果觉得生成的文本内容还需要调整，可以在对话框中提交调整需求，然后单击右下方的箭头按钮或者按 Enter 键进行提交，如图 5.1-5 所示。

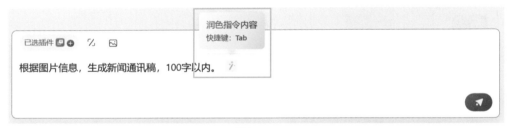

图5.1-5

 锦囊妙计

文心一言可以对输入的指令内容进行一键润色，在输入指令时，会在语句末尾出现小魔法棒样式的图标按钮，单击该按钮即可一键生成润色后的指令。

第四步 使用和分享

若生成的文本内容基本符合需求，可以单击文本右下方的按钮，按需求对该文本进行"复制""复制成 Markdown 文件"或者"分享"，如图 5.1-6 所示。

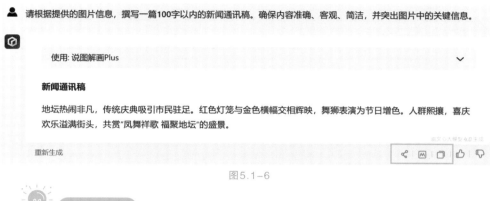

请根据提供的图片信息，撰写一篇100字以内的新闻通讯稿。确保内容准确、客观、简洁，并突出图片中的关键信息。

使用: 说图解画Plus

新闻通讯稿

地坛热闹非凡，传统庆典吸引市民驻足。红色灯笼与金色横幅交相辉映，舞狮表演为节日增色。人群熙攘，喜庆欢乐溢满街头，共赏"凤舞祥歌 福聚地坛"的盛景。

重新生成

图5.1-6

1. 单击文本左下方的"重新生成"按钮，可以生成新的文本内容，用户可以按此方式反复迭代，直到生成满意的内容为止。如果重新生成的内容还是无法达到理想效果，可以在对话框内输入更详细的调整需求。

2. 目前文心一言 3.5 版本是免费使用的，而 4.0 版本则需要付费使用。

5.2 用文心一言览卷文档

文心一言的"览卷文档"功能是一个强大的文档阅读、管理和优化工具，旨在提高文档处理的效率和安全性。文心一言还提供了多种搜索、排序和筛选的功能，并且支持用户对文档内容进行高效分类、整理和归纳，确保在需要时能迅速定位到所需文档内容。

操作步骤

上传文档后，文心一言既能够自动生成摘要，也能够简化和概括内容，同时还支持问答交互与文案创作，有助于用户快速理解文档内容和提取重要信息。

第一步 上传文档

进入文心一言首页，在对话框上方单击"选插件"按钮，勾选"览卷文档 Plus"插件，然后单击文件上传按钮，上传 word 文档，如图 5.2-1 所示。

图 5.2-1

锦囊妙计

1. 文心一言目前支持一次上传一个文档文件，文档的格式可以是 doc/docx/PDF，文件大小不能超过 10MB。

2. 文心一言能够识别英文文档，这为用户提供了一定程度的灵活性和便利。

第二步 提取文本信息

上传完成后，可以在对话框内输入"使用：览卷文档"，也可以直接单击右侧箭头按钮或者按 Enter 键进行提交，然后文心一言会随机分析该文档，如图 5.2-2 所示。

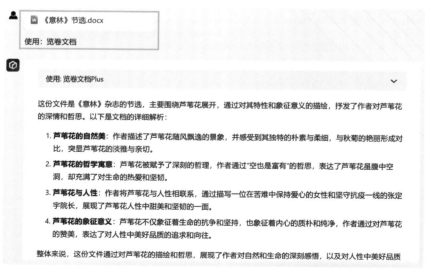

图 5.2-2

用户也可以在对话框中输入具体的文档分析需求，让文心一言按需求对文档进行解析。在对话框中输入：总结文章主要内容，如图 5.2-3 所示

《意林》节选.docx

总结文章主要内容

使用: 览卷文档Plus

这份文件是一篇散文节选，主要通过对芦苇花的描绘，表达了对生命、情感以及人性深刻的感悟。以下是文章主要内容的总结：

1. **芦苇花的美丽与朴素**：文章开篇描述了芦苇花的随风飘逸，以及作者站在芦苇荡旁的感受。芦苇花的朴素与柔细，让作者联想到历经沧桑后的亲切与慈祥，体现了芦苇花独特的魅力。
2. **芦苇花的哲理与情感**：作者进一步探讨芦苇花的深层含义，将其视为一种带有精魂的植物。通过芦苇花的"空"与"有"的哲学思考，以及对芦苇花所代表的情感的描绘，展示了芦苇花所蕴含的生命哲理与情感深度。
3. **芦苇花与人性之美**：文章通过描述芦苇花在寒冷季节中的坚韧与美丽，将芦苇花与人性之美联系起来。特别是通过两个感人的故事——一位女性在遭遇苦难后依然充满爱心，以及武汉金银潭医院院长张定宇在抗击疫情中的坚守与奉献——进一步强调了芦苇花所代表的人性之美。

图5.2-3

锦囊妙计

1. 上传的文档需要确保格式清晰、结构明确，以帮助览卷文档插件能更准确地解析和总结文档内容。
2. 需要进一步处理文档内容时，尽量输入明确具体的提示词，以便获得最准确的回答或摘要。

第三步 拓展运用

如有需要，可以持续拓展运用文档分析的结果，比如翻译成外语、调整提示词、问答互动等。在对话框中输入"如果把这篇内容作为初二的语文现代文阅读题，请拟写一道问答题"，单击箭头按钮或者按下 Enter 键进行提交即可，如图 5.2-4 所示。

如果把这篇内容作为初二的语文现代文阅读题，请拟写一道问答题

使用: 览卷文档Plus

拟写问答题

问题：

在文章中，作者通过芦苇花这一自然景象，展开了对人生、爱与抗争的深刻思考。请结合文章内容，谈谈你对"芦苇花的精魂"所蕴含的深层含义的理解，并分析作者是如何借助芦苇花来展现这种精魂的。

答案要点提示：

1. "芦苇花的精魂"所蕴含的深层含义不仅在于芦苇花本身所展现的朴素、柔细与坚韧，更在于它象征了像母亲般历经沧桑、依然慈祥、亲切的特质，以及面对困难与挑战时展现出的不屈不挠、无私奉献的精神。
2. 作者通过描绘芦苇花的形态特征（如"朴素与柔细"，"撑过一个又一个清冷的黄昏"），类比于人生的彻悟与坚韧；通过描述芦苇花带给人的情感体验（如"总觉得芦苇花有一种说不清的精魂在那里飘拂"），表现了芦

图5.2-4

锦囊妙计

　　如有需要，可以继续在这篇文档的基础上进行创作，例如，在对话框中输入：请分析这篇内容后，创作一首模仿其风格或主题的诗歌，字数限制在 100 字以内。

5.3　用文心一言 E 言易图

　　E 言易图作为文心一言里强大的数据可视化插件，可以直接而有效地将复杂的数据转化为易于理解的视觉图表。无论是在准备商业报告还是进行学术研究，E 言易图都能帮助用户更快地把握信息核心，提升信息呈现的质量和效果。

 操作步骤

　　用户只需通过简单的拖拽和编辑，即可用 E 言易图快速生成各种图表，无须复杂的编程或设计经验，任何人都能轻松上手。

第一步 **选择插件**

　　进入文心一言首页，在对话框上方单击"选插件"按钮，勾选"E 言易图"插件，如图 5.3-1 所示。

图 5.3-1

 锦囊妙计

　　E 言易图目前支持柱状图、折线图、饼图、雷达图、散点图、漏斗图、思维导图等。

第二步 用文字生成图表

在对话框中输入：收集最近 5 年中国国内旅游人数及收入情况，做成折线图，然后单击右侧箭头按钮或者按 Enter 键进行提交。E 言易图便可以快速收集相应的数据并将其生成图形报表，如图 5.3-2 所示。

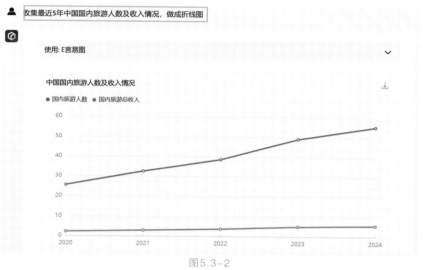

图 5.3-2

锦囊妙计

得到图表结果后，既可以通过复制进行分享，也可以单击图表右上角的"下载"按钮进行保存。

第三步 用数据生成图表

E 言易图还支持将用户提交的数据转化为图表。在对话框里输入一组数据并输入：根据提供的以上数据生成折线图，然后单击右侧箭头按钮或者按 Enter 键进行提交，如图 5.3-3 所示。

图 5.3-3

提交之后，E 言易图便可以根据上述数据和指令生成相应图表，如图 5.3-4
所示。

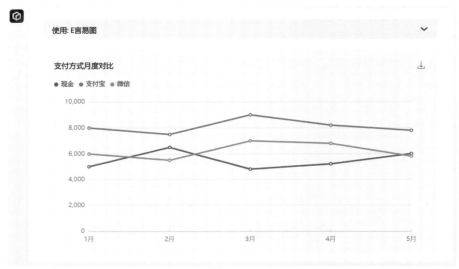

图 5.3-4

 锦囊妙计

1. 提供数据组进行图表生成的时候，如果提供的数据是以 csv 格式（逗号分隔值）发送，可以得到更加直观、清晰的图表。

2. 在生成图表前，需要确保数据的准确性和完整性，错误的数据会导致误导性的图表结果。

5.4 用文心一言一镜流影

文心一言中的一镜流影功能能够将文章或任何文本内容转换成富有吸引力的视频。它通过融合文本、视觉和语音元素，创建出具有高度信息性和娱乐性的多模态视频内容，极大地丰富了文本的表现形式，适用于内容创作者和营销专家使用。

 操作步骤

一镜流影利用文心一言强大的文本理解能力，不仅可以实现简单的文字到视频的转换，还能确保转化后的视频内容不失文本原有的精粹和情感色彩。

第一步 **选择插件**

进入文心一言首页，在对话框上方单击"选插件"按钮，勾选"一镜流影
Plus"插件，如图 5.4-1 所示。

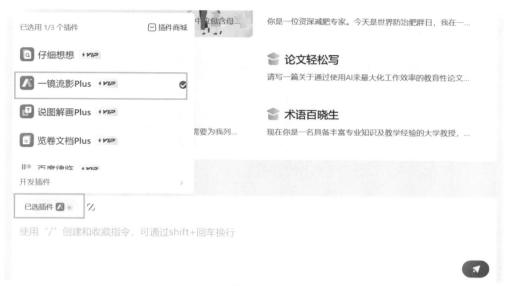

图5.4-1

第二步 **创建指令**

在对话框中输入：生成一个爸爸妈妈带着姐弟二人在湖边露营的 10 秒视频，
然后单击右侧箭头按钮或者按 Enter 键进行提交，如图 5.4-2 所示。

图5.4-2

锦囊妙计

在使用一镜流影创建视频时，尽量使用简洁、精准的提示词，指出核心内容才能产出符合需求的视频。

第三步 **生成创意视频**

提交之后，一镜流影会根据指令生成带脚本文案和配音的视频内容。页面
上会滚动显示视频生成的过程，直到成功生成视频，如图 5.4-3 所示。

生成一个爸爸妈妈带着姐弟二人在湖边露营的10秒视频。

图5.4-3

 锦囊妙计

1. 当自动生成的视频在细节处理上不够专业时，可以进行重新生成或者对必要的指令进行调整，以提高视频的质量和准确度。

2. 目前，一镜流影只支持生成30秒内的视频，如果需要长视频，可以先生成多个短视频然后进行后期处理与拼接。

3. 通常情况下，生成的视频中不会出现人物的清晰正脸，如果该视频是要使用在公共展示或商业用途时，应注意版权和肖像权保护等法律风险。

5.5 用文心一言查询商业信息

商业信息查询是文心一言中将生成式AI能力与爱企查领先的商业查询功能相结合的一款插件，它既丰富了文心一言的应用场景，也进一步提升了商查产品的服务水平，为用户带来全新的使用体验。

 操作步骤

在使用文心一言的商业信息查询插件进行查询时，只需要输入感兴趣的问题，便可以通过自然对话交互形式查询到所需商业信息。

第一步 **选择插件**

进入文心一言首页，在对话框上方单击"选插件"按钮，勾选"商业信息查询"插件，在对话框中输入：爱奇艺影业（北京）有限公司的注册资本是多少，然后单击右侧箭头按钮或者按 Enter 键进行提交，如图 5.5-1 所示。

图 5.5-1

第二步 **查询结果**

提交之后，便能快速得到查询结果，如图 5.5-2 所示。

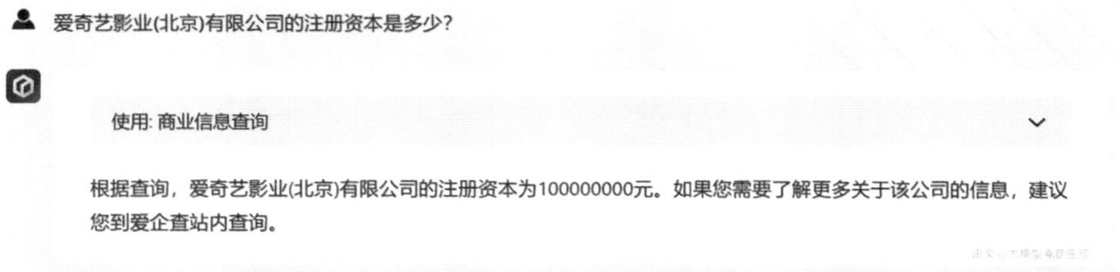

👤 **爱奇艺影业(北京)有限公司的注册资本是多少？**

🔲

使用：商业信息查询　　　　　　　　　　　　　　　　　　　　　　∨

根据查询，爱奇艺影业(北京)有限公司的注册资本为100000000元。如果您需要了解更多关于该公司的信息，建议您到爱企查站内查询。

图 5.5-2

第三步 **拓展查询**

如有需要，可以继续修改提示词，以获得关于该公司的更多详细的商业信息，如图 5.5-3 所示。

👤 请查询爱奇艺影业(北京)有限公司的相关信息，并整理成一份简洁明了的报告。

使用：商业信息查询 ⌄

根据您的请求，我查询了爱奇艺影业(北京)有限公司的相关信息，并整理成以下简洁明了的报告：

爱奇艺影业(北京)有限公司的基本信息如下：

- 注册资本：100000000元
- 注册地址：北京市怀柔区杨宋镇凤翔东大街9号201室（集群注册）
- 经营状态：开业
- 联系电话：010-62677171, 13718483604, 15210606365, 010-62677504, 82646985
- 邮箱：mailto:wuchen@qiyi.com, lixiaoxiao01@qiyi.com, tianxiangbo@qiyi.com, wengergang@qiyi.com, duying01@qiyi.com, maryhuang@qiyi.com, zhangzhuoman@qiyi.com

股东及投资人信息：

- 自然人股东：龚宇, 亚宁
- 公司股东：无

对外投资企业数量：5家

法人信息：

图5.5-3

💡 锦囊妙计

1. 商业信息查询这个插件在秒级时间就能完成查询、浏览，但在总结、结构化输出等步骤完成度不足。

2. 文心一言具备"多轮对话"的功能，所以用户可以在已经得到的结果基础上，提出新的指令，引导模型一步步进行更深入的分析从而得到更全面的查询结果。

5.6 用文心一言 TreeMind 树图

TreeMind 树图是基于文心一言的信息检索、数据分析、逻辑信息组织和思维扩展能力而诞生的插件。作为一个创新的思维导图制作工具，TreeMind 树图可以帮助用户以更加直观的方式捕捉和展现复杂的思想和概念。

 操作步骤

用户可以通过 TreeMind 树图中丰富的模板和强大的编辑工具来轻松创建、修改和分享思维导图。该插件目前支持脑图、逻辑图、树形图、鱼骨图、组织架构图、时间轴、时间线等多种专业格式。

第一步 上传文档

进入文心一言首页，在对话框上方单击"选插件"按钮，勾选"TreeMind
树图"插件，如图 5.6-1 所示。

图5.6-1

第二步 输入指令

在对话框内输入：用思维导图的形式分析鲁迅先生的短篇小说《孔乙己》，
然后单击右侧箭头按钮或者按 Enter 键进行提交，即可生成思维导图，如图
5.6-2 所示。

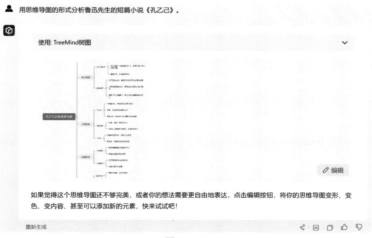

图5.6-2

第三步 编辑思维导图

单击思维导图右下角的"编辑"按钮，可以进入树图编辑页面。在编辑页
面中间，会出现快捷编辑菜单浮窗，让用户可以对思维导图进行快捷编辑，如
图 5.6-3 所示。

图 5.6-3

单击右上角"设置面板"按钮，打开设置面板，可以对思维导图的样式、骨架、配色、画布等进行编辑，如图 5.6-4 所示。

图 5.6-4

在左侧工具栏中，可以选择模板、素材等工具来丰富思维导图的设计，如图 5.6-5 所示。

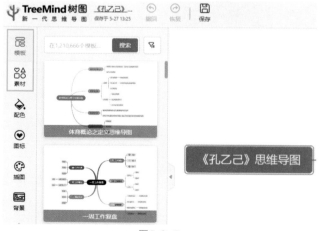

图 5.6-5

编辑区上方还有整体设计的功能菜单，例如单击美化按钮，可以随机更改思维导图的主题风格，如图 5.6-6 所示。

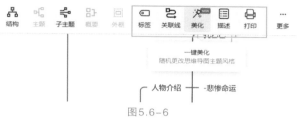

图5.6-6

将 TreeMind 树图与文心一言的其他插件功能如览卷文档、E 言易图功能结合使用，可以分析结合更多格式信息，实现信息的最大化利用。

第四步 拓展运用

TreeMind 树图还可以根据提供的资料或者文本来生成思维导图。勾选好插件，直接将知识点复制到对话框内，然后单击右侧箭头按钮或者按 Enter 键进行提交即可，如图 5.6-7 所示。

图5.6-7

锦囊妙计

1. 如果需要使用提供的资料或者文本来生成思维导图，最好先将资料或者文本按照基本条理整理好层级结构。

2. 思维导图是动态的工具，需要定期更新，以确保信息的时效性和准确性。

5.7 文心智能体平台

文心智能体平台是基于文心一言大模型的智能体构建平台，涵盖了内容创作、数理逻辑推算、中文理解、多模态生成等多方面功能，支持广大开发者根据自身行业领域、应用场景，采用多样化的能力、工具，打造大模型时代的原生应用。

操作步骤

文心智能体平台基于人人可 AI 的理念，支持各类组织和个人开发者入驻。如果有开发能力，平台提供全套技术方案支持自主开发；如果有丰富的数据，平台则提供低代码技术方案，只需提供数据就能完成开发创建；如果只有灵感或者想法，平台也提供零代码的方案，快捷地将灵感转化为智能体。

第一步 进入智能体平台

进入文心智能体平台首页，单击"立即进入"按钮，如图 5.7-1 所示。

图5.7-1

锦囊妙计

文心智能体平台是独立的智能体平台，可以选择一款搜索引擎输入"文心智能体平台"，即可获取网址入口。

第二步 **体验中心**

进入首页后，可以看到体验中心，用户可以在这里选择符合自己需求的智能体，如图 5.7-2 所示。

图 5.7-2

锦囊妙计

想要使用智能体，需要完成注册和登录。登录后，体验中心所有的智能体没有使用限制。

第三步 **创建智能体**

单击左侧边栏中的"创建智能体"按钮，即可进入智能体创建页面，如图 5.7-3 所示。

图 5.7-3

然后单击选择零代码面板中的"立即创建"按钮，如图 5.7-4 所示。

图5.7-4

在跳转的页面中，输入智能体的名称和设定，然后单击"立即创建"按钮，如图 5.7-5 所示。

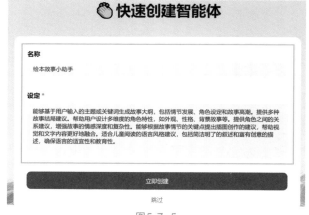

图5.7-5

 锦囊妙计

1. 用户也可以单击首页左侧边栏底部的智能体按钮来创建智能体。

2. 当对代码不熟悉时，可以选择零代码创建智能体，只需通过沉浸对话的方式，表达意图，就可以实现智能体的创建。

3. 除了零代码创建智能体，平台也支持低代码创建智能体，通过拖拽方式快捷搭建业务流，结合大模型、数据集、工具等组件，完成智能体的开发。

第四步 调整配置与发布

单击"立即创建"按钮后，可以在跳转的配置页面对智能体的基础配置和高级配置按需求进行调整，如图 5.7-6 所示。

图 5.7-6

调整完成后，可以在页面右侧对智能体进行预览，如果觉得创建的智能体符合需求，可以单击右上方按钮进行保存或发布，如图 5.7-7 所示。

图 5.7-7

 锦囊妙计

1. 在配置页面，带 "*" 符号的配置为必填项，必须完善该项的配置，才能够发布智能体。

2. 单击配置页面正上方 "分析" 按钮，可以进入数据分析模块，查看智能体数据；单击 "调优" 按钮，可以进入调优模块，进一步优化智能体效果。

3. 分析功能需要智能体成功发布且有数据后才会展示具体数据。

5.8 用文心一格创作图像

在文心一言的产品矩阵中，文心一格创意平台凭借其强大的 AI 艺术和创意辅助功能，成为设计师和创意人员的得力助手。文心一格专为有设计需求的用户群体设计，可以智能生成多样化的 AI 创意图片，有效打破创意瓶颈。

 操作步骤

借助文心一格，可以快速生成与众不同的创意图像。它不仅能够根据简单的文本描述生成创意画作，还能够对图像进行编辑和再创作，帮助用户实现个性化的视觉表达。

第一步 进入 AI 创作页面

进入文心一格平台首页，完成登录后，单击右上方"立即创作"按钮或单击页面左上方"AI 创作"按钮，即可进入智能生成页面，如图 5.8-1、图 5.8-2 所示。

图5.8-1

图5.8-2

锦囊妙计

文心一格需要注册登录后才能够使用，付费会员享有免费生图、电量赠送、排队加速等多种权益。

第二步 开始创作

在对话框中输入：文森特·梵高风格，一个在田园风光中漫步的人物；在"画面类型"中选择"梵高"类型；选择"比例"为"方图"；拖动滑杆选择生成数量为"4"，然后单击"立即生成"按钮即可开始生成图像，如图 5.8-3、图 5.8-4

所示。

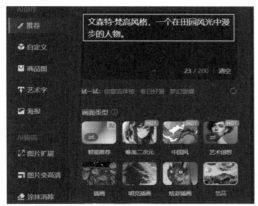

图5.8-3   图5.8-4

 锦囊妙计

1. 电量是文心一格平台提供的数字化商品，用于兑换文心一格平台上图片生成服务、指定公开画作下载服务以及其他增值服务等。用户可以在平台内通过任务活动、电量充值购买、会员购买等途径获取电量。

2. 用户可以通过切换来选择电量生图模式或者会员免费生图模式，文心一格会给没有充值的用户提供 10 分钟的试用时间来体验会员免费生图模式。

3. 文心一格鼓励会员创作后分享公开，即可领取双倍电量。

第三步 迭代与下载

如果对生成的图像不满意，可以在对话框内修改关键词后重新生成，反复迭代，直至生成符合需求的图像，如图 5.8-5 所示。

图5.8-5

如果觉得生成的图像符合需求，可以单击该图像进行放大，随后单击页面右侧的操作按钮，对该图像进行下载、分享、收藏等操作，如图 5.8-6 所示。

图 5.8-6

第四步 AI 编辑

单击任意生成的图像，然后单击图像左下方的"编辑本图片"按钮，可以对该图像进行 AI 编辑，如图片扩展、涂抹消除、智能抠图等，如图 5.8-7 所示。

图 5.8-7

 锦囊妙计

单击"作为参考图"按钮，可以将该图像作为其他自定义创作的参考图。

6

智能生产力助手

——天工 AI

Skywork（天工智能）旗下包括六大AI业务矩阵，AI大模型、AI搜索、AI音乐、AI视频、AI社交、AI游戏等。Skywork旗下主要产品"天工"APP整合了AI搜索、AI阅读、AI创作等核心功能，覆盖了工作、学习和生活等多个应用场景。

了解更多 >

第 6 章

智能生产力助手——天工 AI

　　天工 AI 是昆仑万维发布的国内首款融入大语言模型的搜索引擎。它具备强大的数据处理和深度学习能力，可迅速适应复杂场景，并在语音识别、图像识别等方面取得显著成果。其广泛应用于工业制造、金融服务等多个领域，能够满足不同用户的需求，为用户提供个性化的信息服务。

6.1 用天工 AI 3.0 对话助手来辅助翻译

　　天工大模型在其强大的搜索引擎功能上，创建了强大的 AI 对话助手、AI 文档解析、AI 写作和 AI 图片生成等智能体。其中，天工 AI3.0 对话助手可满足文案创作、知识问答、代码编程、逻辑推演、数理推算等多元化需求，极大地提升了工作效率和内容创作的质量。

 操作步骤

 唤起对话助手

　　进入天工 AI 首页，在左侧边栏中单击"天工 3.0 对话助手"按钮，如图 6.1-1 所示。

图 6.1-1

第二步 输入关键词

天工 3.0 对话助手可以用来提供工作和学习上的帮助，包括担任翻译助手等。在对话框里输入：你是一名翻译，我需要你帮我将中文翻译成英文，然后单击右侧箭头按钮或者按 Enter 键进行提交，如图 6.1-2 所示。

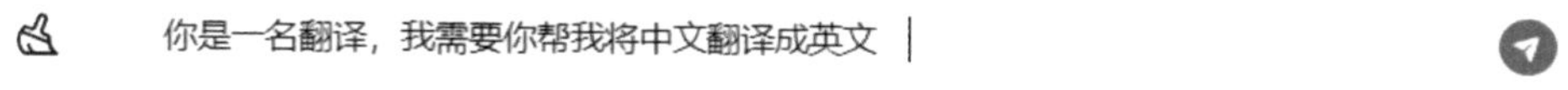

你是一名翻译，我需要你帮我将中文翻译成英文

图6.1-2

锦囊妙计

天工 3.0 对话助手的对话框前面有一个扫把按钮，这个按钮可以清除上下文关系，后面的对话或者需求不会受到历史对话的影响。

第三步 查看及调整

通过与天工 3.0 对话助手进行交互，可以得到翻译后的文本，并在页面内进行查看，如图 6.1-3 所示。如果觉得生成的内容还需要调整，可以在对话框中提交自己的修改需求，然后重新生成。

你是一名翻译，我需要你帮我将中文翻译成英文。

非常荣幸能协助您进行翻译工作。请您提供需要翻译的中文文本，我将尽我所能为您提供准确、流畅的英文翻译。如果您有特定的翻译风格或术语要求，也欢迎您提出，以便我能更精确地满足您的需求。请将中文文本发送给我，我将立即开始翻译工作。

分享

关注我，跟我一起学习AI吧。

这句话的中文翻译成英文如下：

"Follow me and let's learn about AI together."

在这个翻译中，"关注我"被翻译为"Follow me"，这是社交媒体和在线学习平台上常用的表达，意味着邀请他人跟随自己的账号或频道。"跟我一起学习AI吧"则被翻译为"let's learn about AI together"，这是一个友好而鼓励性的邀请，表达了共同学习和探索人工智能领域的意愿。整个句子保持了原文的积极和互动性，适合用于鼓励他人参与学习和讨论。

图6.1-3

锦囊妙计

1. 单击生成文本左下方的"分享"按钮，可以分享对话。

2. 将鼠标移至文本右下方的操作按钮上方，可以看到每个按钮的释义。单击"复制"按钮，可以复制文本内容。

第四步 查看和编辑文档

单击生成文本右下方的"查看文档"按钮，会在页面右侧弹出一个笔记面板。如有需要，可以在该面板中对文本内容进行编辑，如改变文本颜色、调整字体大小、插入图片等，同时还可以对选中的文本内容进行改写、扩展、缩写和总结，如图 6.1-4 所示。

图6.1-4

锦囊妙计

1. 笔记编辑完成后，会自动保存至云端。

2. 用户既能通过笔记功能实现对 AI 内容的快捷编辑，也可以记录自己的心得和理解，有助于加深记忆和提高应用能力。

6.2 用天工 AI 文档分析来解析文本

天工 AI 不仅强化了对话和写作功能，还引入了高效的文档解析能力。这一功能尤其适合处理和分析长文本，如电子书、研究报告以及其他多种格式的文档。天工在处理长文本阅读时，能够快速解读并生成文档摘要，让用户能够有效管理和掌握大量信息，尤其是处理百万字级别的长文档时，其效率和准确性尤为突出。

 操作步骤

上传长文档到天工 AI 后，平台将迅速处理并解析该文档，然后自动生成内容摘要。此外，天工 AI 还能根据文档内容回答相关问题或执行与文档内容有关的各类互动对话任务。

第一步 打开 AI 文档分析页面

在天工 AI 首页左侧的边栏中单击"AI 文档分析"按钮，打开 AI 文档分析页面，如图 6.2-1 所示。

图6.2-1

第二步 上传文档

天工 AI 文档分析支持解析文档、链接等多种格式内容。单击"点击上传"按钮上传文档，或者直接在"上传链接"文本框里输入网址后进行发送，如图 6.2-2 所示。

图6.2-2

第三步 解析内容

待天工 AI 完成文档解析后，可以在页面中看到关于该文档的摘要、核心要点等信息，如图 6.2-3 所示。

图6.2-3

单击"脑图"按钮，可以查看天工 AI 根据该文档生成的脑图，如图 6.2-4 所示。

图6.2-4

锦囊妙计

1.解析完成后，如果有关于该文档或者解析内容的任何疑问，可以在下方对话框中进行提问，天工 AI 会结合问题与文档内容做出回答。

2.天工 AI 文档解析功能不仅仅可以用于解析纯文本，还可以用于解析图表信息。

6.3 用天工 AI 写作编写探店文案

天工 AI 写作功能为用户提供了全面、高效的写作辅助工具，不论是撰写新闻稿、学术论文，还是生成商业报告，它都能从容应对。通过天工 AI 写作，用户不仅能快速完成初稿，还能借助平台提供的编辑和润色工具，对文章进行进一步优化和精练。天工 AI 写作可以智能地分析输入信息，提取关键点并构建逻辑严谨、内容丰富的文本。

 操作步骤

天工 AI 写作支持多种文体类型和格式，适应不同的写作需求和场景。用户只需输入主题和相关信息，它便能快速生成高质量的文字内容，并提供有针对性的写作建议和改进方案。

第一步 **进入 AI 写作界面**

在天工 AI 首页左侧边栏中单击"AI 写作"按钮，打开 AI 写作页面，如图 6.3-1 所示。

图6.3-1

第二步 **选择模板与输入关键词**

在天工 AI 写作页面中，既可以直接在对话框中输入提示词来生成文本，也可以通过快捷指令和模板来生成。单击右上方的"模板"按钮，打开模板大全，如图 6.3-2 所示。

图6.3-2

单击"小红书探店文案"模板，如图 6.3-3 所示。

图6.3-3

在对话框里面输入：日式料理店 成都春熙路，然后单击右侧箭头按钮或者按 Enter 键进行提交，如图 6.3-4 所示。

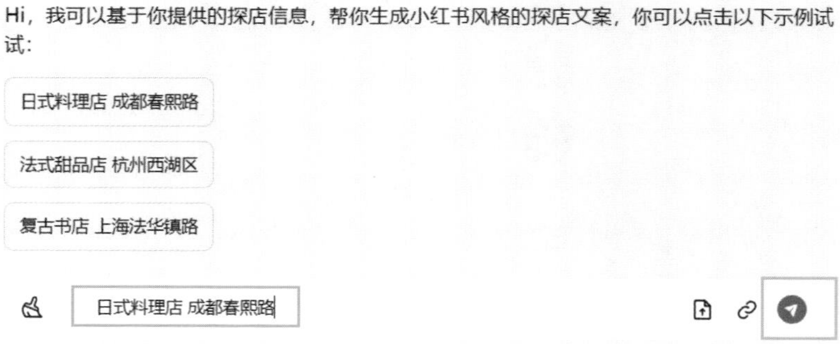

Hi，我可以基于你提供的探店信息，帮你生成小红书风格的探店文案，你可以点击以下示例试试：

日式料理店 成都春熙路

法式甜品店 杭州西湖区

复古书店 上海法华镇路

日式料理店 成都春熙路

图6.3-4

第三步 查看与调整

生成初稿之后，可以在页面内进行查看，如果还有需要天工 AI 进行调整的地方，可以继续在对话框中提交修改需求，然后重新生成，如图 6.3-5 所示。

日式料理店 成都春熙路

📧【探店日记】🍣

🍴【店名】：【XX日式料理店】

📍【地址】：【成都春熙路XX号】

⏰【营业时间】：【每天 11:30 - 21:30】

🌸📝【探店心得】

✨【第一眼印象】：
一进门，仿佛穿越到了日本街头！温馨的木质装饰、精致的餐具摆放，还有那淡淡的日式音乐，让人瞬间放松。

🍱【美食探索】：
🍣【招牌手握寿司】：新鲜的鱼肉搭配特制的米饭，每一口都是海洋的味道，太棒了！

🍛【鳗鱼饭】：鳗鱼鲜嫩，米饭吸满了酱汁，每一口都是幸福的味道。

🍨【抹茶冰淇淋】：清新的抹茶味，加上冰淇淋的绵密口感，简直是夏日的解暑神器！

🧊【服务体验】：
服务员们都穿着可爱的日式服装，热情又周到，还会主动介绍菜品的特色，让人感觉特别贴心。

💡【小贴士】：
想要避开人流高峰期，可以提前在网上预约，或者选择工作日中午来用餐。

#日式料理 #成都探店 #春熙路美食 #美食探险家 #探店日记 #吃货的日常

图 6.3-5

锦囊妙计

如有需要，可以通过多次调整提示词来进行迭代，以不断优化内容。

6.4 用天工 AI 图片生成创作图像

天工 AI 图片生成是基于天工 3.0 超级大模型的一项功能，它可以根据用户的指令或提供的参考图片生成新的图片内容，这不仅限于特定风格的图片创作，也涵盖了从概念设计到精细插画的广泛领域。通过天工 AI 图片生成，用户可以快速获得定制化的视觉内容，同时也能探索和体验 AI 在艺术和创造力方面的新可能性。

操作步骤

在使用天工 AI 进行图片生成功能时，既可以让 AI 根据文字描述生成图像，也可以上传一张图像作为基础来创建新的图像。

第一步 **打开图片生成**

在天工 AI 首页左侧边栏中单击"AI 图片生成"按钮，如图 6.4-1 所示。

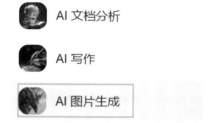

AI 文档分析

AI 写作

AI 图片生成

图6.4-1

第二步 **模板生图**

在右侧模板大全中，选择一个图像模板，然后单击"做同款"按钮，即可使用该模板，如图 6.4-2 所示。

图6.4-2

选择模板之后，AI 会直接使用该模板的提示词来生成一张图像，如图 6.4-3 所示。

炫彩光影，一大朵红色蔷薇花，浅景深，Tilt-shift，photography，光泽感，逆光，半透明，浅红色，银红色，金线，逆光，轮廓光，透明的丝绸，极致纺织细节，构图

⤴分享　↻重画　　👍　👎

图6.4-3

 锦囊妙计

1. 如果对模板初次生成的图像不满意，可以单击图像下方的"重画"按钮来重新生成。

2. 用户也可以根据需求对模板的提示词进行复制和调整，然后在对话框中提交调整过后的提示词，以生成新的图像。

第三步 文本生图

除了模板生图，文本生图也是常用的方式。在对话框中输入：阳光明媚的田野上，一个穿红色连衣裙的小女孩在追逐蝴蝶，然后单击右侧箭头按钮或者按 Enter 键进行提交。提交之后，天工 AI 即可根据该提示词来生成图像，如图6.4-4 所示。

阳光明媚的田野上，一个穿红色连衣裙的小女孩在追逐蝴蝶。

⤴分享　↻重画　　👍　👎

图6.4-4

第四步 迭代与优化

为了呈现更好的图像生成效果，可以对提示词进行优化，例如增加颜色、对比度、亮度等参数描述，或者加入"温暖的""浪漫的"等情感描述词。在重新优化了提示词之后，生成结果如图6.4-5所示。

阳光明媚的田野上，一个穿红色连衣裙的小女孩在追逐蝴蝶。亮度、对比度调高，画面风格温暖、浪漫，偏写实。

图6.4-5

锦囊妙计

如果不知道如何优化提示词，也可以借助天工AI写作去润色，然后用润色过后的提示词重新生成图像。

6.5 天工 AI 智能体

天工 AI 智能体是天工 AI 平台上一个强大的智能助手，专为用户提供多种智能服务和功能，帮助用户在工作和生活中实现高效和便捷。用户可以通过自然语言与之交互，也可以零代码构建自己的个性化 AI 私人助理。天工 AI 智能体以其多功能、智能化和高效性的特点，为用户提供了强大的支持，助力工作和学习效率的提升。

操作步骤

天工 AI 智能体支持将不同任务模块化，用户可以通过操作系统模块的方式，实现包括开场白问题预设、指定回复、插件创建、知识库创建与检索、AI 生图、文本提取等功能，同时，用户可以通过自然语言和简单操作与天工智能体进行交互，无须复杂的代码编程。

第一步 进入智能体广场

在天工 AI 首页左侧边栏中单击"发现智能体"按钮，进入智能体广场，如图 6.5-1 所示。

图 6.5-1

第二步 智能体广场

用户可以在智能体广场选择符合需求的智能体来进行交互，同时也可以单击右上方"从模板创建"或者"创建智能体"按钮，创建属于自己的智能体，如图 6.5-2 所示。

图 6.5-2

第三步 从模板创建智能体

单击"从模板创建"按钮，然后单击"点字成诗"模板，如图 6.5-3 所示。

图 6.5-3

在跳转页面中可以看到，AI 已自动完成角色和指令、添加技能等设置且处于不可编辑状态，单击右上角的"使用该模板"按钮，则角色和指令等模块会转换为可编辑状态，如图 6.5-4 所示。

图6.5-4

在可编辑状态下，可以自行对智能体的角色、功能定义、对话设置等进行调整，同时在页面最右侧进行预览。如果对预览效果比较满意，可以单击右上角的"发布"按钮，发布该智能体，如图 6.5-5 所示。

图6.5-5

 锦囊妙计

除了从模板创建智能体，用户还可以通过"对话式创建"或者"表单式创建"这两种方式来创建个性化智能体。

6.6 用天工 AI 音乐创作歌曲

天工 AI 音乐是昆仑万维推出的一款革命性的 AI 音乐生成大模型。得益于其强大的音乐生成能力和智能算法优化的音频质量，天工 AI 音乐能够生成高质量、富有情感的音乐，并且可以模拟多种音乐风格，从古典到流行，从电子到民族，覆盖面广，灵活性高。对于音乐创作者而言，可以将天工 AI 作为灵感源泉，帮助自己快速构建音乐草稿，或者为现有作品添加丰富的层次和元素。

 操作步骤

在使用天工 AI 音乐进行创作时，既可以采用音乐库里的模板，也可以根据自己的需求选择不同的音乐风格和情绪导向来定制歌曲。

第一步 打开 AI 音乐页面

在天工 AI 首页左侧边栏中单击"AI 音乐"按钮，如图 6.6-1 所示。

图6.6-1

第二步 发现音乐

在 AI 音乐页面中可以发现大量已发布的音乐，它们可以作为模板来使用。单击"播放"按钮，可以试听该音乐；单击"做同款"按钮，会在页面右侧生成该音乐的创作面板，如图 6.6-2 所示。

图6.6-2

第三步 **确认歌名与歌词**

如果想要自行创作歌曲，可以在右侧的"创作歌曲"面板中进行操作。在"歌名"文本框中输入：江湖梦，然后单击"AI 写整首"按钮让 AI 创作出歌词，如图 6.6-3 所示。

图 6.6-3

 锦囊妙计

1.AI 生成歌词后，如果有需要调整的地方，可以直接在文本框中进行修改；如果对整首歌词都不太满意，可以单击该按钮重新生成。

2. 用户也可以在文本框中输入自己原创的歌词。

第四步 **选择参考音频**

明确了歌名与歌词之后，可以为该歌曲选择参考音频，单击面板下方的"请选择参考音频"按钮，如图 6.6-4 所示。

图 6.6-4

在弹出的页面中单击"国风"选项，在"情绪"中选择"励志"选项。单击下方参考音频的播放按钮，可以播放该音频进行试听，如果觉得该参考音频符合需求，单击"使用"按钮即可，如图 6.6-5 所示。

图6.6-5

确认好参考音频之后，在右侧面板中单击"开始创作"按钮，即可等待天工 AI 生成歌曲，如图 6.6-6 所示。

图6.6-6

第五步 试听与下载

生成歌曲后，单击该歌曲的播放按钮，可以进行试听，如图 6.6-7 所示。

图6.6-7

单击每首歌曲下方的"更多"按钮,可以对该歌曲进行重新创作、下载等操作,如图 6.6-8 所示。

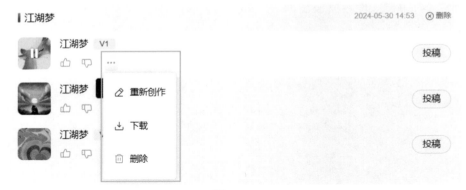

图6.6-8

 锦囊妙计

1. 天工 AI 每次会根据用户的需求生成多首歌曲版本,用户可以依次试听这些版本,然后选出最符合需求的那首。

2. 如有需要,可以单击"投稿"按钮进行投稿。投稿通过审核后,该歌曲即可出现在"发现音乐"的页面中,被更多人听到。

超长文本的**智能阅读助理**

——Kimi AI

辅助@你想要的Kimi+ 使用各种能力

快来解锁下这些用法~

【AI 搜索】嫦娥六号如何去月球背面采样?

【趋势洞察】AI会和人相爱吗? 怎么看待AI和人的关系?

【礼物策划师】描述对方的性格爱好, 帮你推荐礼物

【配餐营养师】定制营养丰富的一餐, 并计算卡路里

第 7 章

超长文本的智能阅读助理——Kimi AI

Kimi AI 是由月之暗面公司开发的一款先进的人工智能助手产品，它支持长文总结和生成、互联网搜索、数据处理、编写代码、用户交互、翻译等功能。作为首个支持 20 万汉字输入与输出的智能助手，Kimi AI 在处理长文本、复杂对话和专业知识领域有着卓越的表现。

7.1 用 Kimi AI 进行渐进式阅读

Kimi AI 可以深入理解超长和复杂文档的全貌，包括长篇小说、学术论文、法律文档、技术手册等，并提供精确的内容摘要、关键词提取、情感分析及主题提炼，同时还可以根据分层递进的原则揭示文章的关键点、细节和扩展信息，且为读者答疑解惑，让读者在和 Kimi AI 的对话中，逐步深化对文本内容的理解和记忆。

 操作步骤

将想要学习或者解读的长文本上传至 Kimi AI，然后便可以通过个性化的交互来实现对该文本的高效阅读与理解

第一步 上传文章

进入 Kimi AI 首页，单击对话框里的"上传文件"按钮，上传一篇 PDF 格式的长文，如图 7.1-1 所示。

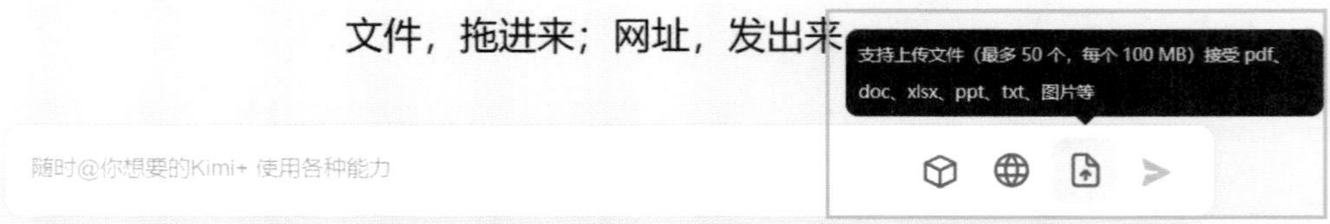

文件，拖进来；网址，发出来

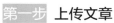

支持上传文件（最多 50 个，每个 100 MB）接受 pdf、doc、xlsx、ppt、txt、图片等

随时@你想要的Kimi+ 使用各种能力

图 7.1-1

除了单击按钮上传，用户也可以直接将文件拖曳至对话框内完成上传。

第二步 了解文章

待上传完成后，可以先让 Kimi AI 帮助了解文章的基本信息。在对话框内输入：请帮我列出这篇文章的基础信息，包括标题、作者、标签等，并用一句话总结该文章，然后提供文章的摘要与大纲，然后单击右侧箭头按钮或者按 Enter 键进行提交，如图 7.1-2 所示。

请帮我列出这篇文章的基础信息，包括标题、作者、标签等，并用一句话总结该文章，然后提供文章的摘要与大纲。|

图7.1-2

第三步 生成与查看

提交需求后，会在跳转的页面中生成 Kimi AI 对该文章的分析，包括基础信息、摘要及大纲等，如图 7.1-3 所示。

请帮我列出这篇文章的基础信息，包括标题、作者、标签等，并用一句话总结该文章，然后提供文章的摘要与大纲。

关于**Moonshot AI**
PDF, 1.64 MB

标题: 关于Moonshot AI
作者: 未提供
标签: 公司介绍、产品亮点、团队优势、技术愿景、Kimi智能助手、专访内容、AGI展望、组织创新、人才招聘
一句话总结: Moonshot AI是一家专注于通用人工智能领域的公司，以其Kimi智能助手和世界级的长文本处理能力引领AI技术发展，并在组织创新和人才培养方面展现出前瞻性思维。
摘要:
Moonshot AI是一家专注于通用人工智能的公司，由世界级人才团队创立，旨在通过其产品Kimi智能助手实现普惠AI。公司以其长文本处理能力和无损压缩技术在AI领域取得突破，同时，创始人杨植麟在专访中分享了对大模型、AGI、组织创新和人才培养的深刻见解。此外，公司还积极招聘各类人才，以推动公司的持续创新和发展。
大纲:

1. 公司和产品介绍

  ○ 月之暗面科技有限公司（Moonshot AI）的成立背景和使命
  ○ Kimi智能助手的发布和功能亮点

图7.1-3

详细解读

在了解文章的基本信息之后，可以让 Kimi AI 详细解读和总结文章每一部分的内容。在对话框中输入：请详细叙述大纲中"技术愿景和未来方向"这部分的内容，如图 7.1-4 所示。

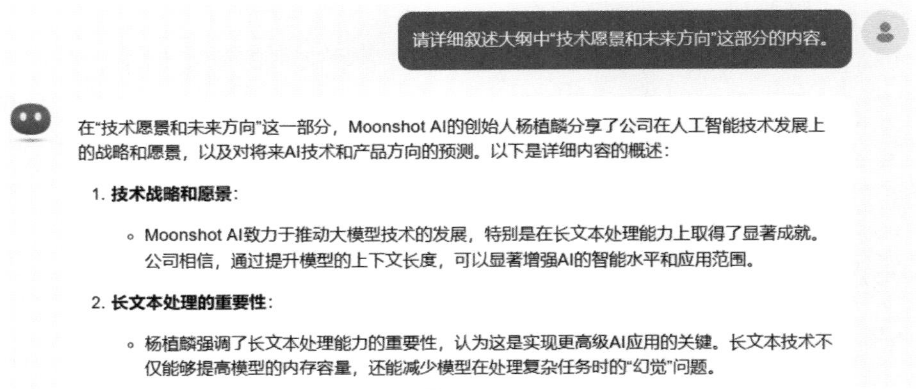

请详细叙述大纲中"技术愿景和未来方向"这部分的内容。

在"技术愿景和未来方向"这一部分，Moonshot AI的创始人杨植麟分享了公司在人工智能技术发展上的战略和愿景，以及对将来AI技术和产品方向的预测。以下是详细内容的概述：

1. 技术战略和愿景：

- Moonshot AI致力于推动大模型技术的发展，特别是在长文本处理能力上取得了显著成就。公司相信，通过提升模型的上下文长度，可以显著增强AI的智能水平和应用范围。

2. 长文本处理的重要性：

- 杨植麟强调了长文本处理能力的重要性，认为这是实现更高级AI应用的关键。长文本技术不仅能够提高模型的内存容量，还能减少模型在处理复杂任务时的"幻觉"问题。

图7.1-4

 锦囊妙计

在这一步，用户可以让 Kimi AI 详细总结文章内容、阐述文章结论、列举知识点等，以更好地知晓全文。

 补充回答

在对全文内容都有所了解后，可以继续向 Kim AI 追问不懂的问题，或者让它解释专有名词、简化复杂概念等来作为理解文章的补充回答。在对话框中输入：什么是 AGI，如图 7.1-5 所示。

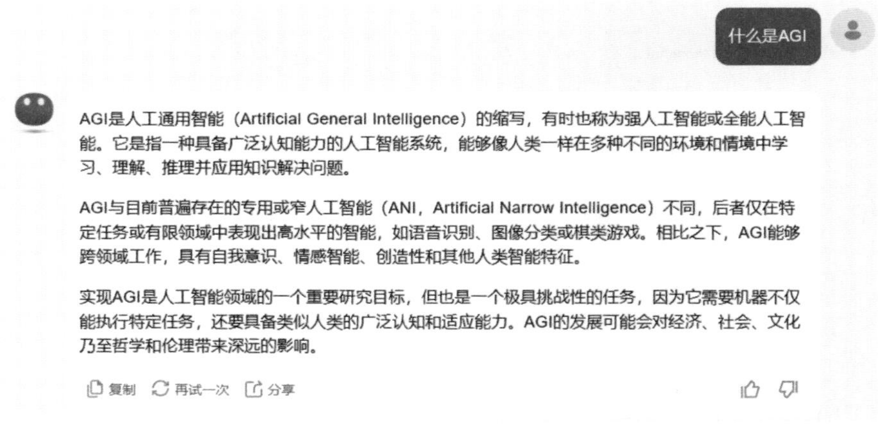

什么是AGI

AGI是人工通用智能（Artificial General Intelligence）的缩写，有时也称为强人工智能或全能人工智能。它是指一种具备广泛认知能力的人工智能系统，能够像人类一样在多种不同的环境和情境中学习、理解、推理并应用知识解决问题。

AGI与目前普遍存在的专用或窄人工智能（ANI, Artificial Narrow Intelligence）不同，后者仅在特定任务或有限领域中表现出高水平的智能，如语音识别、图像分类或棋类游戏。相比之下，AGI能够跨领域工作，具有自我意识、情感智能、创造性和其他人类智能特征。

实现AGI是人工智能领域的一个重要研究目标，但也是一个极具挑战性的任务，因为它需要机器不仅能执行特定任务，还要具备类似人类的广泛认知和适应能力。AGI的发展可能会对经济、社会、文化乃至哲学和伦理带来深远的影响。

🗋 复制　🔄 再试一次　📋 分享　　　　👍 👎

图7.1-5

第六步 分享回答

如果想要分享 Kimi AI 的回答，可以单击"分享"按钮，如图 7.1-6 所示。

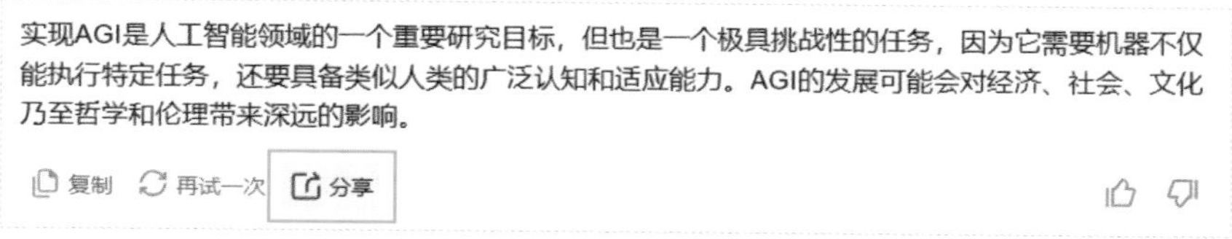

实现AGI是人工智能领域的一个重要研究目标，但也是一个极具挑战性的任务，因为它需要机器不仅能执行特定任务，还要具备类似人类的广泛认知和适应能力。AGI的发展可能会对经济、社会、文化乃至哲学和伦理带来深远的影响。

复制　再试一次　分享　👍 👎

图7.1-6

然后选择想要分享的方式（Kimi AI 目前支持以链接、文本和图片这三种方式对回答进行分享）。单击"生成图片"按钮，如图 7.1-7 所示。

复制链接　复制文本　生成图片　　　取消分享

图7.1-7

在弹出的页面中根据自己的需求单击"复制图片"或者"保存图片"按钮，即可完成分享，如图 7.1-8 所示。

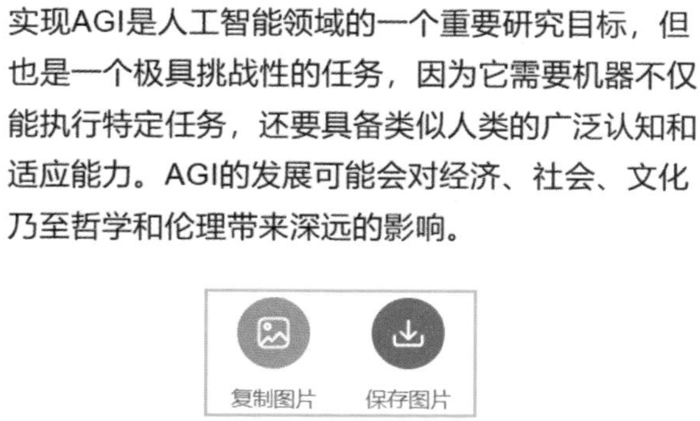

实现AGI是人工智能领域的一个重要研究目标，但也是一个极具挑战性的任务，因为它需要机器不仅能执行特定任务，还要具备类似人类的广泛认知和适应能力。AGI的发展可能会对经济、社会、文化乃至哲学和伦理带来深远的影响。

复制图片　保存图片

图7.1-8

7.2 用 Kimi AI 充当网页阅读助手

除了上传文件之外，Kimi AI 还支持通过网页链接来读取文章并进行解析。当用户对某些较长且复杂的网络文章有解读的需求时，在此功能的帮助下，无须对文章进行下载或者格式转换便能快速了解文章大意。

操作步骤

用户只需要在 Kimi AI 的对话框中粘贴网络文章的链接，然后提出具体需求，比如快速摘要、提取关键信息等，就可以获取相应的摘要或分析报告。

第一步 粘贴网址

在 Kimi AI 首页的对话框里粘贴已复制的网址，并在对话框里输入：提取关键信息，然后单击右侧箭头按钮或者按 Enter 键进行提交，如图 7.2-1 所示。

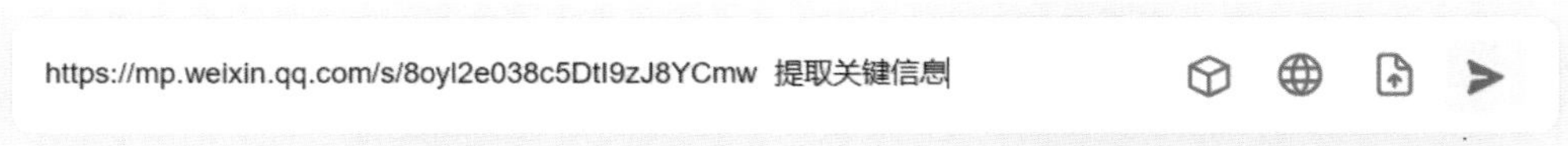

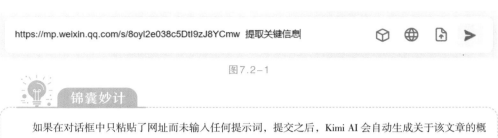

图7.2-1

锦囊妙计

如果在对话框中只粘贴了网址而未输入任何提示词，提交之后，Kimi AI 会自动生成关于该文章的概要总结。

第二步 了解文章

提交需求后，会在跳转的页面中生成 Kimi AI 对该文章的分析，如图 7.2-2 所示。

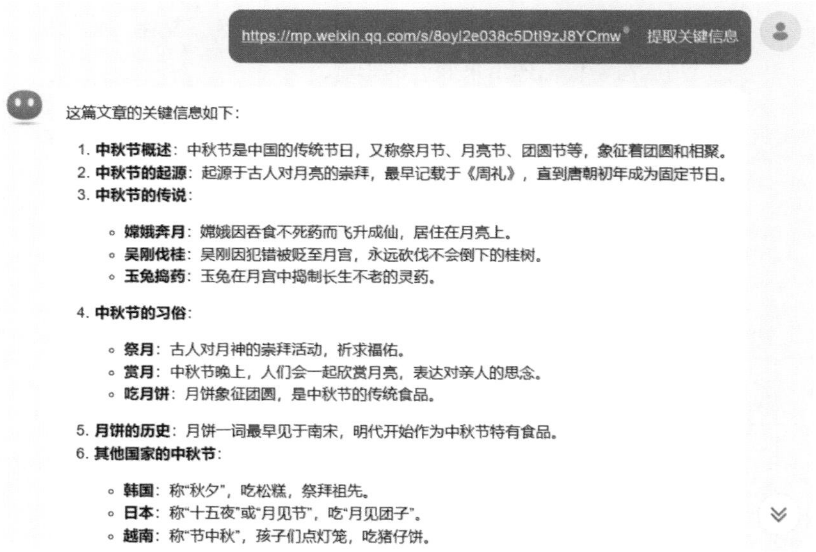

图7.2-2

锦囊妙计

1. 如有需要，可以继续提出关于该文章的问题或需求，让 Kimi AI 来解答。

2. Kimi AI 生成回答的速度取决于文章的长度和复杂度。

第三步 **迭代和使用**

如果想要 Kimi AI 重新生成回答，可以单击文本下方的"再试一次"按钮；如果想要使用这篇回答，单击"复制"或者"分享"按钮即可，如图 7.2-3 所示。

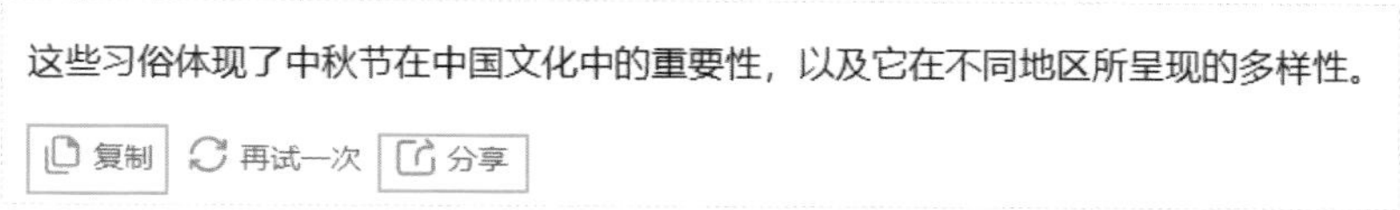

这些习俗体现了中秋节在中国文化中的重要性，以及它在不同地区所呈现的多样性。

📋 复制　🔄 再试一次　📤 分享

图 7.2-3

7.3 用 Kimi AI 分析表格数据

Kimi AI 支持上传多种格式的文件，包括 pdf、doc、xlsx、ppt 等，用户无须花费额外时间将数据转换为特定格式，便可以直接上传并开始分析过程，极大地提升了用户体验和工作效率。因此，除了解读长文本之外，用户也可以用 Klimi AI 来分析和处理表格数据。

 操作步骤

将需要进行分析的表格上传至 Kimi AI，提出相应需求，它便可以快速完成关键信息的解读和分析。

第一步 **上传表格与提出需求**

在 Kimi AI 首页的对话框里单击"上传文件"按钮，将表格进行上传。上传完成后，可以向 Kimi AI 明确自己的需求。在对话框里输入：整理这个表格的核心内容，然后单击右侧箭头按钮或者按 Enter 键进行提交，如图 7.3-1 所示。

图 7.3-1

　　Kimi AI 支持一次上传多个文件，最多不超过 50 个。

第二步 查看分析

　　提交需求后，会在跳转的页面中生成 Kimi AI 对该表格核心内容的分析，如图 7.3-2 所示。

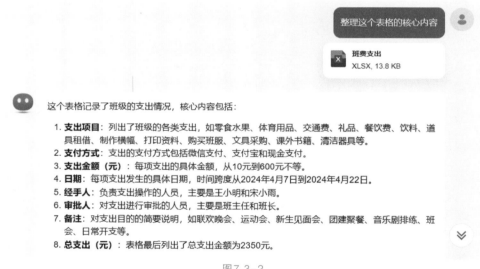

整理这个表格的核心内容

班费支出
XLSX, 13.8 KB

这个表格记录了班级的支出情况，核心内容包括：

1. **支出项目**：列出了班级的各类支出，如零食水果、体育用品、交通费、礼品、餐饮费、饮料、道具租借、制作横幅、打印资料、购买班服、文具采购、课外书籍、清洁器具等。
2. **支付方式**：支出的支付方式包括微信支付、支付宝和现金支付。
3. **支出金额（元）**：每项支出的具体金额，从10元到600元不等。
4. **日期**：每项支出发生的具体日期，时间跨度从2024年4月7日到2024年4月22日。
5. **经手人**：负责支出操作的人员，主要是王小明和宋小雨。
6. **审批人**：对支出进行审批的人员，主要是班主任和班长。
7. **备注**：对支出目的的简要说明，如联欢晚会、运动会、新生见面会、团建聚餐、音乐剧排练、班会、日常开支等。
8. **总支出（元）**：表格最后列出了总支出金额为2350元。

图 7.3-2

第三步 询问细节与数据处理

　　如果还需要深入了解该表格的其他细节，或者让 Kimi AI 进行数据上的处理，可以继续在对话框中提出自己的需求。在对话框中输入：用于运动会的总开支是多少，然后单击右侧箭头按钮或者按 Enter 键进行提交，便可以查看生成的结果，如图 7.3-3 所示。

用于运动会的总开支是多少

根据提供的表格内容，用于运动会的支出项目包括：

1. 体育用品：支付宝支付，300元
2. 购买班服：支付宝支付，600元
3. 制作横幅：现金支付，30元

将这些支出金额相加，用于运动会的总开支是：
$$300元 + 600元 + 30元 = 930元$$

因此，用于运动会的总开支是930元。

📋 复制　🔄 再试一次　📤 分享　　　👍 👎

图 7.3-3

Kimi AI 对数据具备一定的整合能力，如有需要，可以让它帮助将文字信息整理成新的表格。在对话框中输入：将班长负责审批的项目单独列出并单独整理成新的表格，然后单击右侧箭头按钮或者按 Enter 键进行提交，等待片刻，便可以查看生成的结果，如图 7.3-4 所示。

将班长负责审批的项目单独列出并单独整理成新的表格

根据提供的表格内容，班长负责审批的项目如下：

1. 礼品：微信支付，200元，2024-04-07，经手人宋小雨，备注新生见面会。
2. 饮料：现金支付，50元，2024-04-10，经手人宋小雨，备注音乐剧排练。
3. 餐饮费：微信支付，200元，2024-04-22，经手人宋小雨，备注团建聚餐。
4. 购买班服：支付宝，600元，2024-04-19，经手人宋小雨，备注运动会。
5. 清洁器具：微信支付，30元，2024-04-22，经手人宋小雨，备注日常开支。

将这些信息整理成新的表格如下：

支出项目	支付方式	支出金额（元）	日期	经手人	审批人	备注
礼品	微信支付	200	2024-04-07	宋小雨	班长	新生见面会
饮料	现金支付	50	2024-04-10	宋小雨	班长	音乐剧排练
餐饮费	微信支付	200	2024-04-22	宋小雨	班长	团建聚餐
购买班服	支付宝	600	2024-04-19	宋小雨	班长	运动会
清洁器具	微信支付	30	2024-04-22	宋小雨	班长	日常开支

这是班长负责审批的所有项目，按照支出项目、支付方式、支出金额、日期、经手人、审批人和备注整理的新表格。

图 7.3-4

第四步 使用和分享

如有需要，可以参考之前案例的步骤对生成的结果进行复制或者分享。

7.4 用 Kimi AI 浏览与整合 PPT

　　除了表格文件，Kimi AI 也支持 PPT 的上传和处理，尤其是对于一些篇幅较长的 PPT，它可以阅读并理解整个文件的内容，然后生成摘要并概括每部分的关键信息，帮助用户快速了解演示文稿的核心要点。同时，它还可以整合多个 PPT 的内容，并结合联网搜索能力为用户提供更全面的分析和理解。

 操作步骤

　　将相应的 PPT 文件上传至 Kimi AI，然后便可以通过对话交互的形式让 Kimi AI 来解读和整合这些演示文稿的内容。

第一步 上传 PPT 与提出需求

　　在 Kimi AI 首页的对话框里单击"上传文件"按钮，将需要用到的 PPT 进行上传。上传完成后，可以向 Kimi AI 明确自己的需求。在对话框里输入：请用一句话分别概述文件 1 和文件 2 的核心内容，然后单击右侧箭头按钮或者按 Enter 键进行提交，如图 7.4-1 所示。

图 7.4-1

锦囊妙计

　　如有需要，用户也可以要求 Kimi AI 生成整个 PPT 的摘要。

第二步 查看分析

　　提交需求后，会在跳转的页面中生成 Kimi AI 对 PPT 相关内容的分析，如图 7.4-2 所示。

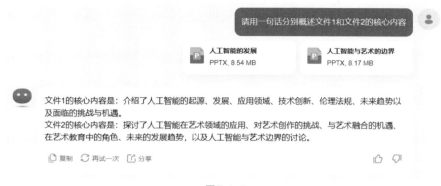

图7.4-2

第三步 解读关键信息

如果还需要深入了解 PPT 每个部分的具体内容，可以继续在对话框中提出自己的需求。在对话框中输入：文件 1 中关于人工智能的起源这部分主要讲了些什么，然后单击右侧箭头按钮或者按 Enter 键进行提交，便可以查看生成的结果，如图 7.4-3 所示。

文件1中关于人工智能的起源部分主要讲述了以下几个方面：

1. **起源背景**：人工智能的起源可以追溯到20世纪50年代，当时科学家们开始研究计算机程序是否能够模拟人类的智能行为。
2. **概念定义**：人工智能是指由人制造出来的系统所表现出来的智能，这些智能包括学习、理解、推理、感知、解决问题、适应和创造等。
3. **发展历程**：人工智能的发展经历了多个阶段，包括早期的符号主义、连接主义、行为主义等，以及现在的深度学习、强化学习等。
4. **技术演进历程**：
   - 1956年，达特茅斯会议首次提出"人工智能"的概念，标志着人工智能的诞生。
   - 20世纪60年代，人工智能开始应用于自然语言处理和专家系统等领域。
   - 21世纪初，深度学习技术的突破使得人工智能在图像识别、语音识别等领域取得了显著进展。
5. **里程碑事件**：
   - 图灵测试：1950年，图灵提出了图灵测试，定义了机器智能的标准。
   - Dartmouth会议：1956年，Dartmouth会议的召开标志着人工智能作为一个独立学科的诞生。
   - Deep Blue战胜卡斯帕罗夫：1997年，IBM的Deep Blue计算机在国际象棋比赛中战胜了世界冠军卡斯帕罗夫，标志着人工智能在复杂决策领域的一个重要里程碑。

图7.4-3

第四步 内容补充

结合联网搜索功能，Kimi AI 在解读 PPT 时，还能进一步补充相关信息。

当对分析中的一些关键词汇或术语有疑问时，可以向 Kimi AI 进行提问。在对话框中输入：上述内容中提到的图灵测试是什么，然后单击右侧箭头按钮或者按 Enter 键进行提交，便可以获取回答，如图 7.4-4 所示。

上述内容中提到的图灵测试是什么

图灵测试是由英国数学家、逻辑学家、密码学家艾伦·图灵（Alan Turing）在1950年提出的一个思想实验，旨在评估机器是否能够展现出与人类相似的智能行为。图灵测试的核心思想是通过对话来区分机器和人类的智能。

具体来说，图灵测试是这样进行的：一个人（人类裁判）通过键盘和显示屏与两个隐藏的对话者进行交流，其中一个是人，另一个是机器。如果经过一系列的对话后，人类裁判不能一致地、可靠地区分出哪一个是人、哪一个是机器，那么就可以认为这台机器通过了图灵测试，展现出了与人类相似的智能水平。

图灵测试是人工智能领域的一个重要里程碑，它定义了一种评估机器智能的标准，即机器是否能够模仿人类到让人无法区分的程度。尽管图灵测试在学术界和公众讨论中广为人知，但它也受到了一些批评，比如它不能完全涵盖智能的所有方面，特别是那些与情感、意识和创造性相关的智能表现。尽管如此，图灵测试仍然是评估机器智能的一个有趣且具有启发性的方法。

复制　再试一次　分享

图 7.4-4

第五步 文件整合

如果需要将两个 PPT 文件的内容进行整合，可以让 Kimi AI 来完成。在对话框中输入：请将文件 2 的内容合并到文件 1 里，然后单击右侧箭头按钮或者按 Enter 键进行提交，Kimi AI 会根据需求将两个文件的内容进行整合并生成新的内容概览，如图 7.4-5 所示。

02 人工智能的应用领域

新增：艺术与娱乐

人工智能在艺术领域的应用正在不断扩展，包括但不限于以下几个方面：

- **创作辅助工具**：AI绘画工具、AI音乐生成器、AI文本生成器等，这些工具可以帮助艺术家提高创作效率，生成草图、音乐和文本内容。
- **艺术风格生成**：AI可以生成具有特定艺术风格的作品，进行艺术风格分析和转换，如将照片转换为油画风格。
- **互动体验创新**：AI技术被应用于互动艺术装置和智能艺术表演，增强观众的参与感和沉浸体验。

03 人工智能的技术创新

新增：艺术创作技术

图 7.4-5

锦囊妙计

用户可以在此概览的基础上重新修改之前的 PPT 或者让 Kimi AI 帮助生成新的 PPT 大纲。

7.5 用 Kimi+ 撰写活动邀请函

Kimi+ 是 Kimi AI 的一个扩展功能，旨在通过多样化的智能体为用户提供更加场景化和精细化的智能辅助服务。Kimi+ 里的每个智能体都专注于解决特定类型的问题，比如提示词设计、辅助写作、学术资源搜索等。

 操作步骤

当想要撰写一封活动邀请函时，可以在 Kimi+ 界面中选择合适的智能体，然后向它提供活动的基本信息，即可生成邀请函初稿。

第一步 选择智能体

进入 Kimi AI 首页，在左侧的边栏里单击"Kimi+"按钮，打开 Kimi+ 应用界面，如图 7.5-1 所示。

图7.5-1

在"辅助写作"选项里，单击"公文笔杆子"按钮，如图 7.5-2 所示。

辅助写作

小红书爆款生成器
一键生成爆款文案，带你勇闯自媒体 #宝宝...
来自 百万运营

公文笔杆子
公文材料写作必备，效率挂挂！
来自 孟局

图7.5-2

除了上述方式，也可以通过对话框快捷方式来选择智能体。在 Kimi AI 首

页的对话框中输入：@，然后在下拉选项框中选择"公文笔杆子"这个智能体，
即可开启对话，如图 7.5-3 所示。

图 7.5-3

锦囊妙计

在 @ 之后输入一些关键词，例如办公、写作等，则会在下拉选项框中弹出含有这些关键词的智能体。

第二步 明确关键信息

在对话框中输入：我需要一封活动邀请函，需要提供哪些信息，如图 7.5-4
所示。

图 7.5-4

第三步 生成与查看

按上述提示将活动的基本信息告诉给智能体，在对话框中输入：活动名称
是《AI 跨界艺术展》，主办方是 XX 科技公司（略），然后单击右侧箭头按钮或
者按 Enter 键进行提交，便可以生成邀请函的初稿，如图 7.5-5 所示。

图7.5-5

第四步 调整与优化

如果觉得生成的初稿还有需要调整的地方，可以继续在对话框中提交修改
需求。在对话框中输入：请将邀请函的语气调整得更为文艺一些，然后单击右
侧箭头按钮或者按 Enter 键进行提交，便可以得到调整之后的版本，如图 7.5-6
所示。

图7.5-6

第五步 使用和分享

经过反复迭代得到符合需求的邀请函之后，可以参考之前案例的步骤进行复制或者分享。

 锦囊妙计

如果想要调整邀请函初稿的版式或者字体设计等，可以借助 Word、WPS 等其他工具来完成，同时也可以向 Kimi 询问一些关于排版设计上的建议。

8

多领域的智能办公专家

——WPS AI

Hi，我是你的AI办公助手

AI帮我写文档　帮我写10个小红书种草笔记标题　✦创建文档

帮我写互联网运营的工作周报 ▶　　帮我写人工智能技术在金融领域的应用研究 ▶　　帮我写大学社会实践报告 ▶

帮我写10个小红书种草笔记标题 ▶　　帮我写安全教育周的通知公告 ▶　　帮我制定销售经理的OKR ▶

第 8 章

多领域的智能办公专家——WPS AI

WPS AI 是由金山办公发布的具备大语言模型能力的人工智能应用，为用户提供智能文档写作、阅读理解和问答、智能人机交互的能力。WPS AI 将大模型（LLM）能力嵌入四大组件：表格、文字、演示、PDF，能够与 WPS 其他产品无缝衔接，帮助用户在办公、写作、文档处理等方面实现更高效、更智能的体验。

8.1 用 WPS 文字 AI 撰写会议纪要

WPS AI 的智能写作工具能够根据用户输入的关键词和内容，自动生成文章框架和段落，帮助用户快速完成写作任务。同时，它还可以提供个性化的写作建议以及智能纠错的功能，帮助用户提高文章的质量。

 操作步骤

当想要借助 WPS 的文字 AI 功能来撰写一份会议纪要时，可以通过直接在普通文档中唤醒智能文本框来实现。

第一步 唤醒智能文本框

下载并安装好 WPS 办公软件之后，打开 WPS，注册账号然后登录。新建空白文档，连续按两次 Ctrl 键，唤醒 WPS AI 智能文本框，在下拉列表框中选择"会议纪要"选项，如图 8.1-1 所示。

图8.1-1

锦囊妙计

1. 如果在下拉选项框里没有看到符合需求的选项，可以直接在智能文本框中输入相应的关键词或者文章类型。

2. 除了快捷方式，单击文档上方选项卡中的 WPS AI 按钮，然后在弹出的右侧面板中单击"内容生成"按钮也可以唤醒智能文本框。

第二步 明确关键信息

在跳转的会议纪要模板中根据需求填入关键信息。在"会议主要内容"文本框中输入：规划新项目开发进度；在"会议时间"文本框中输入：2024 年 5 月 20 日；在"会议地点"文本框中输入：大会议室；在"参会人员"文本框中输入：全体公司成员，然后单击右侧箭头按钮或者按下 Enter 键进行提交，即可生成文本内容，如图 8.1-2 所示。

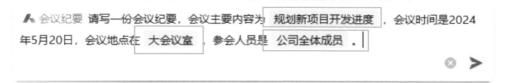

图8.1-2

第三步 生成与查看

待会议纪要生成以后，如果觉得文本内容大致符合自己的需求，单击"保留"按钮即可；如果觉得文本内容还需要调整，可以单击"调整"按钮来选择缩写、扩写该文本或者转换其语言风格，如图 8.1-3 所示。

图8.1-3

8.2 用 WPS 文字 AI 编写管理制度

除了在空白文档中唤醒智能文本框这种方式，用户也可以通过 WPS 在线智能文档中的 AI 模板来快速撰写各类文章，让办公和写作变得高效又智能。

 操作步骤

在智能文档中查看与选择符合需求的 AI 模板，然后在模板已经设计好的基本结构和格式中添加或修改内容，即可快速生成想要的文章初稿。

第一步 选择和打开模板

在 WPS 中新建智能文档，然后在智能文档页面左侧边栏中单击"AI 模板"按钮，如图 8.2-1 所示。

图8.2-1

在 AI 模板库中选择"管理制度"模板，如图 8.2-2 所示。

图8.2-2

 锦囊妙计

1. 用户可以在模板库中浏览各类型的模板，也可以在页面上方的搜索栏里输入相应的关键词来搜索相应的模板。

2. 在使用 WPS 的 AI 功能之前，需要先登录自己的账号，否则无法使用该功能。

第二步 明确关键信息

打开模板之后，便可以进行模板设置。在"管理制度主题"文本框中输入：公司食堂安全管理制度，在"面向对象"文本框中输入：食堂工作人员，然后单击"开始生成"按钮，如图 8.2-3 所示。

图8.2-3

在弹出的对话框中单击"确定"按钮，如图 8.2-4 所示。

图8.2-4

第三步 生成与查看

待管理制度生成以后，可以在页面内进行查看，如果觉得生成的内容大致符合自己的需求，单击"完成"按钮即可，如图 8.2-5 所示。

图8.2-5

锦囊妙计

如果对生成的文本内容不太满意，可以单击"重新生成"按钮。

第四步 调整润色

单击"完成"按钮之后，进入到可编辑页面，用户可以手动对文本内容进行修改或者继续借助 WPS AI 来进行润色。将想要润色的文本内容框选起来之后，页面中会自动弹出一个悬浮选项卡，单击 WPS AI 按钮，将鼠标移至下拉列表框中的"帮我改"选项，然后单击"润色"选项，如图 8.2-6 所示。

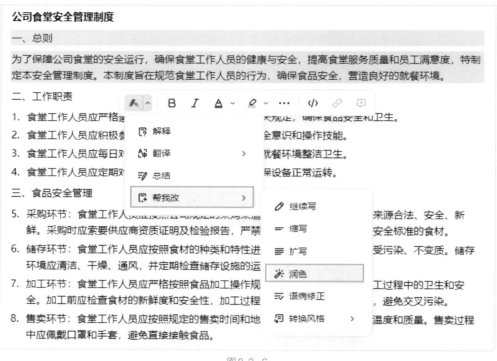

图 8.2-6

第五步 调整润色

待 AI 完成对上述文本的润色之后，如果想要使用润色后的文本，单击"替换"按钮即可，如图 8.2-7 所示。

公司食堂安全管理制度

一、总则

为了保障公司食堂的安全运行，确保食堂工作人员的健康与安全，提高食堂服务质量和员工满意度，特制定本安全管理制度。本制度旨在规范食堂工作人员的行为，确保食品安全，营造良好的就餐环境。

一、总则

为确保公司食堂的安全运营，切实保障食堂工作人员的健康与安全，并不断提升食堂服务品质与员工满意度，特制定此安全管理制度。本制度旨在规范食堂员工的日常行为，严格确保食品质量与安全，从而营造出一个温馨、舒适且卫生的就餐环境。

AI生成的内容仅供参考，请注意甄别信息准确性

← 润色　　　　　　　　　　　　　　　　　　　　　　　1/1

继续输入　　　　　　　　　＞　　芸 调整　 重写　 弃用　**替换**

环境应清洁、干燥、通风，并定期检查储存设施的运行情况。

图8.2-7

锦囊妙计

如果生成后的文本内容不太符合需求，用户也可以对其继续进行调整、重写或者弃用。

8.3　用 WPS 文字 AI 起草劳动合同

智能起草功能也是 WPS 文字 AI 中可以用来辅助用户进行文档创作的功能，该功能可以帮助用户快速、高效地生成文档内容，提高文档创作的效率和质量。

操作步骤

在使用"智能起草"功能时，用户只需输入主题或关键词，便能快速搜索出相应的 AI 模板，从而更加便捷地完成各种文档创作任务。

第一步 **打开智能起草功能**

打开 WPS，新建空白文档，然后单击"智能起草"选项，如图 8.3-1 所示。

图8.3-1

锦囊妙计

　　用户可以在模板库中浏览各类型的模板，也可以在页面上方的搜索栏里输入相应的关键词来搜索相应的模板。

第二步 输入主题

　　在"智能起草"文本框中输入：合同，然后单击右侧箭头按钮或者按 Enter 键，如图 8.3-2 所示。

图8.3-2

第三步 选择关键信息

　　在"合同类型"下拉列表框中选择"劳动合同"选项，如图 8.3-3 所示。

图8.3-3

　　在"合同期限"下拉列表框中选择"固定期限"选项；在"是否全职"下拉列表框中选择"是"选项；在"可选内容"下拉列表框中选择"含试用期条款""含保密条款"选项，然后单击"立即创建"按钮，如图 8.3-4 所示。

图8.3-4

第四步 生成与调整

待劳动合同生成以后，如果觉得文本大致符合自己的需求，单击"保留"按钮即可，如图 8.3-5 所示。

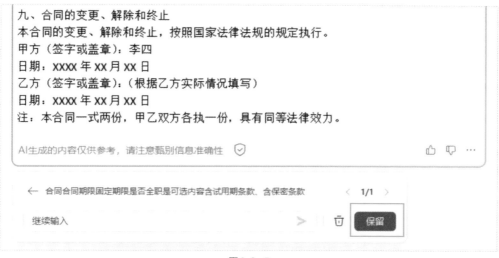

图8.3-5

 锦囊妙计

单击"保留"按钮之后，可以利用 WPS 文档本身自带的文档编辑与处理功能来调整内容细节和版式等，也可以借助 WPS AI 的智能排版功能一键完成文档格式的整理与排版。

8.4 用 WPS 文字 AI 进行文档排版

WPS AI 的文档排版功能可以通过智能识别、个性化建议、实时预览等为用户提供更加智能和便捷的文档排版体验，提高文档创作的效率和质量。同时，WPS AI 的文档排版功能提供了实用的预设样式和模板，用户可以根据需要选择并应用，以提升工作效率。

操作步骤

在 WPS 中，打开相应文档，然后打开 WPS AI 操作面板，便可以利用一键排版功能来完成排版。同时，用户还可以在编辑过程中随时查看和调整排版效果，确保最终的文档呈现效果符合预期。

第一步 **打开文档排版功能**

在 WPS 中，打开尚未进行过排版的文档，如图 8.4-1 所示。

劳动合同
甲方（用人单位）：
姓名：李四
身份证号码：xxxxxxxxxxxxxxxxx
联系方式：xxx-xxxx-xxxx
乙方（劳动者）：
（根据乙方类型选择填写）
个人：
姓名：_____
身份证号码：_____
联系方式：_____
企业：
企业名称：_____
企业纳税人识别号：_____
联系方式：_____
鉴于甲乙双方根据《中华人民共和国劳动法》及相关法律法规的规定，经平等自愿、协商一致，达成以下劳动合同：

图8.4-1

单击文档上方选项卡中的 WPS AI 按钮，如图 8.4-2 所示。

图8.4-2

在弹出的 WPS 操作面板中单击"文档排版"按钮，如图 8.4-3 所示。

图8.4-3

第二步 **选择模板**

在模板库中，选择"合同协议"这个模板，将鼠标移至该模板中间，然后单击"开始排版"按钮，即可开始智能排版，如图 8.4-4 所示。

图8.4-4

第三步 **选择模板**

智能排版完成后，可以在左侧页面中查看排版后的效果。如果觉得排版效果符合需求，可以单击"应用到当前"按钮，如图 8.4-5 所示。

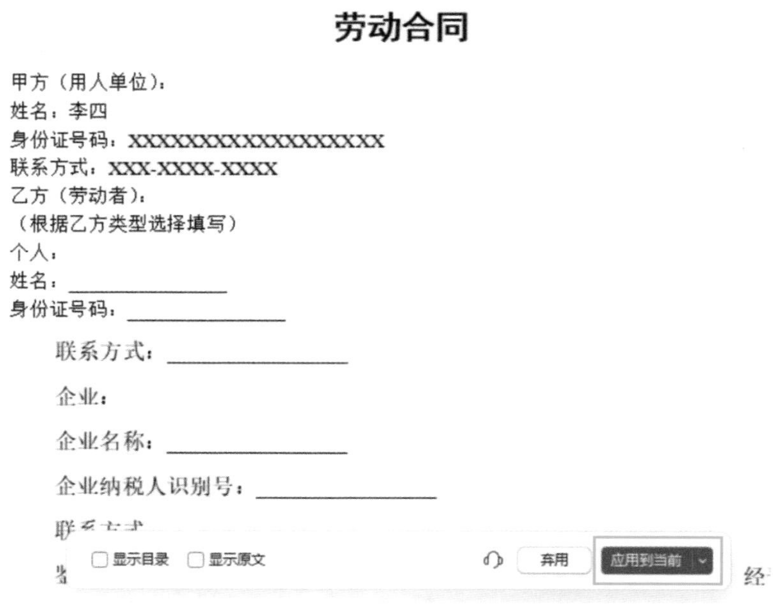

劳动合同

甲方（用人单位）：

姓名：李四

身份证号码：XXXXXXXXXXXXXXXXXX

联系方式：XXX-XXXX-XXXX

乙方（劳动者）：

（根据乙方类型选择填写）

个人：

姓名：＿＿＿＿＿＿＿

身份证号码：＿＿＿＿＿＿＿

联系方式：＿＿＿＿＿＿＿

企业：

企业名称：＿＿＿＿＿＿＿

企业纳税人识别号：＿＿＿＿＿＿＿

图8.4-5

锦囊妙计

1. 如果想要对比排版前后的区别，可以勾选"显示原文"选项，这样就可以在页面右侧出现未排版的原文，方便与排版后的样式进行比较。

2.WPS AI 的文档排版功能还支持模板上传，用户可以上传内容完整的范文，快速提取格式生成模板。

8.5 用 WPS 文字 AI 进行文档阅读

WPS AI 的文档阅读功能能够一键获取文档总结或者基于文档内容来回答提问，帮助用户快速理解内容。同时，该功能还支持带出文内引用内容，让 AI 的回复同样有据可循。

操作步骤

在 WPS 中打开需要阅读的文档，然后使用 WPS AI 的文档阅读功能来解读该文档，便可以快速了解其核心要点。如有需要，可以进行提问，WPS AI 会根据文档内容回答相应的问题。

第一步 打开文档阅读功能

在 WPS 中，打开需要阅读的文档，然后单击文档上方选项卡中的 WPS AI 按钮，如图 8.5-1 所示。

图8.5-1

在弹出的 WPS AI 操作面板中单击"文档阅读"按钮，如图 8.5-2 所示。

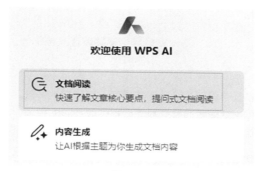

图8.5-2

第二步 总结文档

单击"总结文档内容"按钮，即可生成对该文档的总结，如图 8.5-3、8.5-4 所示。

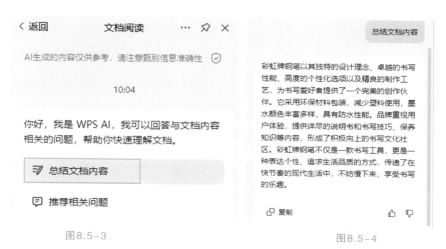

图8.5-3

图8.5-4

第三步 提问文档

在对话框中输入：彩虹牌钢笔的设计灵感是什么，然后单击右侧箭头按钮或者按 Enter 键，即可获取 AI 根据文档内容作出的回答，如图 8.5-5 所示。

图8.5-5

生成回答后，如果觉得该回答符合需求，可以单击"复制"按钮进行使用。同时，回答下方会出现相关原文的页码按钮，单击此按钮会跳转至原文相关段落，如图 8.5-6 所示。

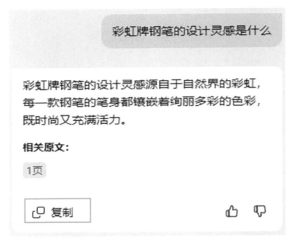

图8.5-6

WPS 会在回答之后生成一些与文档主题相关的推荐提问，在不知道该如何就这篇文档继续提问时，可以尝试单击这些问题按钮，以加深对文档的理解，如图 8.5-7 所示。

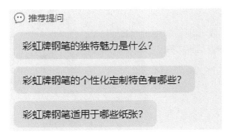

图8.5-7

8.6 用 WPS 表格 AI 快速创建表格

除了智能写作，WPS AI 也擅长进行表格的处理。表格 AI 结合了 WPS 表格的强大功能与人工智能技术的优势，可以通过简单对话来创建、操作表格，为用户提供了更高效、更智能的数据处理体验。

 操作步骤

应用 WPS 中的智能表格功能，可以让 AI 快速创建出想要的表格，提高工作效率。

第一步 打开表格 AI 模板

在 WPS 中新建智能表格，然后在页面中单击"AI 模板"按钮，如图 8.6-1 所示。

图8.6-1

锦囊妙计

WPS 表格 AI 的功能也需要在登录 WPS 账号的前提下才可以使用。

第二步 明确表格主题

此时会弹出 AI 模板页面，可以对想要生成的表格的主题进行设置。在对话框中输入：广告公司人员信息统计表，然后单击右侧箭头按钮或者按 Enter 键进行提交，如图 8.6-2 所示。

图8.6-2

 锦囊妙计

除了自行输入主题，用户也可以通过选择 AI 模板内已有的模板主题来创建表格。

第三步 调整表格列

在 AI 根据主题生成表格列以后，可以对其进行调整，例如添加表格列、删除表格列或者修改表格列的名称等。调整完成后，单击"确定"按钮即可，如图 8.6-3 所示。

图8.6-3

锦囊妙计

如果对 AI 生成的所有表格列都不太满意，可以单击"重新生成"按钮再次生成。

第四步 生成、调整和使用

单击"确定"按钮之后，会在页面左侧生成表格模板，如有需要，可以在这个页面内对表格的格式或内容进行调整，例如修改表格的行高、列宽等，如图 8.6-4 所示。

	A	B	···	C	D	E	F	G
1	工号	姓名		部门	职位	入职时间		
2	1	张三		设计部	设计师	2024/1/1		
3	2	李四		市场部	市场专员	2024/2/1		
4	3	王五		运营部	运营专员	2024/3/1		
5	4	赵六		技术部	技术支持	2024/4/1		
6	5	孙七		财务部	会计	2024/5/1		
7	6	周八		人事部	人事专员	2024/6/1		
8								
9								
10								

图8.6-4

单击右侧边栏中的"表头样式"按钮，可以在下拉列表框中选择想要调整的表头样式。调整完成后，单击"立即使用"按钮，即可使用该表格，如图 8.6-5 所示。

已根据选择的表格列生成模板，可以直接使用或调整下列参数重新生成：

表头样式：

生成建议图表

表格列调整

✓ 立即使用

图8.6-5

8.7 用 WPS 表格 AI 对话操作表格

WPS AI 通过对话来操作表格的功能为表格数据的处理提供了极大的便利，也降低了表格的操作门槛，加速了数据处理速度，增强了数据处理的准确性和个性化，成为办公场景下提高效率和质量的强大工具。

 操作步骤

用户只需要使用自然语言与 WPS AI 进行对话，它就能理解指令并执行相应的计算或排序操作，简化操作流程。

第一步 开始对话操作表格

在 WPS 中打开一张表格，如图 8.7-1 所示。

▲	A	B	C	D	E
1	工号	姓名	部门	职位	入职时间
2	1	张三	设计部	设计师	2024/1/1
3	2	李四	市场部	市场专员	2024/1/2
4	3	王五	人事部	人事专员	2024/1/3
5	4	赵六	财务部	财务专员	2024/1/4
6	5	孙七	技术部	技术支持	2024/1/5

图 8.7-1

然后单击页面上方选项卡中的 WPS AI 按钮，如图 8.7-2 所示。

图 8.7-2

在弹出的操作面板中单击"对话操作表格"按钮，如图 8.7-3 所示。

图8.7-3

第二步 **输入提示词**

在对话框中输入：将行 1 的行高设置为 25，然后单击右侧箭头按钮或按 Enter 键进行提交，如图 8.7-4 所示。

图8.7-4

 锦囊妙计

如果不知道如何提问，可以单击面板中的"查看示例"按钮。

第三步 **查看与完成**

提交需求之后，会在左侧页面内看到调整后的变化，如图 8.7-5 所示。

▲	A	B	C	D	E
1	工号	姓名	部门	职位	入职时间
2	1	张三	设计部	设计师	2024/1/1
3	2	李四	市场部	市场专员	2024/1/2
4	3	王五	人事部	人事专员	2024/1/3
5	4	赵六	财务部	财务专员	2024/1/4
6	5	孙七	技术部	技术支持	2024/1/5

图8.7-5

如果觉得调整之后的效果比较符合需求，单击"完成"按钮即可应用该效果，如图 8.7-6 所示。

图8.7-6

锦囊妙计

1. 如果觉得调整之后的效果不符合预期，可以在修改提示词之后再次尝试。

2. 用户可以借助这个功能快速对表格进行调整，包括改变行高、列宽、增加或减少单元行等操作。

8.8　用 WPS 表格 AI 进行数据处理与分析

WPS AI 的数据处理功能能够自动识别和处理数据，帮助用户快速写出函数公式，进行分类与筛选，同时还能帮助解读数据、生成图表和结论等。WPS AI 通过自动化、智能化的方式，极大地提升了工作效率和准确性，让数据处理工作变得简单又高效。

操作步骤

当需要对一张表格进行较多的数据处理和分析工作时，可以充分利用 WPS 的表格 AI 功能来提升处理的速度和效率。

唤起 WPS AI 操作面板

在 WPS 中打开一张表格，如图 8.8-1 所示。

	A	B	C	D	E	F	G	H
1	姓名	实出勤天数	缺勤天数	迟到天数	请假天数	基本工资 (元)	加班工资 (元)	实发工资 (元)
2	张三	10	0	0	0	¥3,000.00	¥500.00	¥3,500.00
3	李四	15	2	1	1	¥4,000.00	¥800.00	¥4,800.00
4	王五	12	1	0	0	¥5,000.00	¥1,000.00	¥6,000.00
5	赵六	18	3	0	0	¥6,000.00	¥1,200.00	¥7,200.00
6	孙七	20	4	1	1	¥7,000.00	¥1,400.00	¥8,400.00
7	周八	25	5	2	2	¥8,000.00	¥1,600.00	¥9,600.00

图8.8-1

然后单击页面上方选项卡中的 WPS AI 按钮，打开 WPS AI 操作面板，如图 8.8-2 所示。

图8.8-2

第二步 **用 AI 写公式**

在操作面板中单击"AI 写公式"按钮，唤起"AI 写公式"面板，如图 8.8-3 所示。

图8.8-3

在"AI 写公式"面板的对话框中输入：李四的实发工资比张三的实发工资多多少，然后单击右侧箭头按钮或按 Enter 键进行提交，如图 8.8-4 所示。

图8.8-4

提交之后，公式面板中会生成函数公式，同时在表格中也能看到由该公式生成的结果。如果结果准确，单击公式面板中的"完成"按钮即可，如图 8.8-5

所示。

图 8.8-5

 锦囊妙计

1. 如果不知道该如何提问，可以参考公式面板下方的提问示例。
2. 如果对生成的公式有疑问，可以查看公式面板中对该公式的解释。

第三步 用 AI 写条件格式

在操作面板中单击"AI 条件格式"按钮，唤起"AI 条件格式"面板，如图 8.8-6
所示。

图 8.8-6

在"AI 条件格式"面板的对话框中输入：将基本工资大于 5500 元的员工
姓名标记为黄色，然后单击右侧箭头按钮或按 Enter 键进行提交，如图 8.8-7
所示。

图8.8-7

提交之后，面板中会生成条件格式，表格中会显示由该条件格式生成的结果。如果结果准确，单击面板中的"完成"按钮即可，如图 8.8-8 所示。

图8.8-8

锦囊妙计

如果生成的结果不正确或是不符合需求，可以在"AI 条件格式"面板中对区域、规则、格式的参数进行调整。

第四步 用 AI 解读数据

在操作面板中单击"洞察分析"按钮，可以让 AI 解读该表格中的数据，然后生成图表及结论，如图 8.8-9 所示。

图8.8-9

生成图表和结论后，可以在"洞察分析"面板中进行查看，如图 8.8-10、8.8-11 所示。

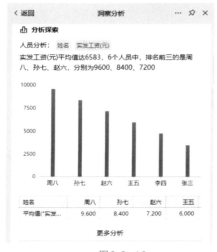

图8.8-10

工作表1!$A$2:$I$7

05/22 13:31:19

作为资深数据分析师，通过对《工资表.xlsx》中"工作表1"的数据进行解读和分析，我认为管理层最应该深入关注的三个问题及机会如下：

问题一：工资结构中的高标准差

从数据中可以看到，基本工资和实发工资的标准差相对较高，分别为1707.83元和2073.98元。这意味着员工之间的工资差异较大，可能反映了公司内部薪酬体系的不均衡或多样性。这种不均衡可能影响到员工的满意度和忠诚度，甚至可能引发内部矛盾。

图8.8-11

 锦囊妙计

在查看分析结论的同时，如果对于表格或者分析内容存在疑问，可以继续在面板下方的对话框中进行提问。

8.9 用 WPS 演示 AI 一键生成幻灯片

除了智能写作和处理表格数据，WPS AI 还支持智能创作演示文稿，它可以根据主题自动生成 PPT 大纲和模板，帮助用户节省了前期构思和内容布局的时间。这项功能不仅简化了 PPT 制作流程，还通过技术手段增强了作品的专业度与设计感。

操作步骤

在用 WPS AI 智能创作 PPT 时，只需要输入主题或上传文档，就可以一键生成 PPT 大纲和模板。用户可以根据需求对这两个部分进行调整，然后便可以快速创建 PPT 的初稿。

第一步 打开智能创作页面

在 WPS 中新建演示文稿，然后在页面中单击"智能创作"按钮，如图 8.9-1 所示。

图8.9-1

第二步 明确主题

在弹出的文本框内输入 PPT 的主题或内容，然后单击"生成大纲"按钮，即可开始生成大纲，如图 8.9-2 所示。

图8.9-2

 锦囊妙计

除了输入主题与内容之外，也可以通过上传文档的方式来生成大纲。

第三步 确认大纲和生成幻灯片

生成大纲以后，可以进行查看，如果有不符合需求的地方，单击文本内容进行修改即可。修改完成后，单击"生成幻灯片"按钮，即可开始生成幻灯片初稿，如图 8.9-3 所示。

图8.9-3

第四步 选择模板

生成幻灯片初稿以后，如果对其本来的模板风格不太满意，可以在右侧模板库中选择更符合需求的模板，然后单击"创建幻灯片"按钮，即可完成创建，如图 8.9-4 所示。

图 8.9-4

8.10 用 WPS 演示 AI 进行排版美化

WPS　AI 的智能创作功能不仅可以一键生成 PPT，还可以对 PPT 进行智能化的排版与美化，提升其视觉效果和专业度，让用户可以轻松地创建出美观且富有吸引力的演示文稿。

 操作步骤

打开需要美化的 PPT，然后开启 WPS AI 的排版美化功能，只需要通过自然语言进行对话，就可以快速实现全文模板风格、色彩搭配或字体方案的更换。

第一步 唤起 WPS AI 操作面板

在 WPS 中打开已创建的演示文稿，然后单击页面上方选项卡中的 WPS AI 按钮，打开 WPS AI 操作面板，如图 8.10-1 所示。

图 8.10-1

第二步 **选择操作项**

在操作面板中单击"排版美化"按钮,如图 8.10-2 所示。

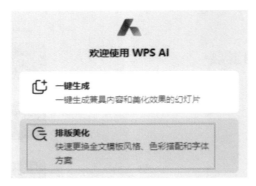

图8.10-2

然后选择"更换主题"操作项,如图 8.10-3 所示。

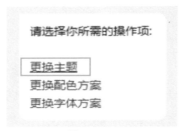

图8.10-3

第三步 **更换主题风格**

在对话框中输入:换一个橙色童趣风格的主题,然后单击右侧箭头按钮或按 Enter 键进行提交,如图 8.10-4 所示。

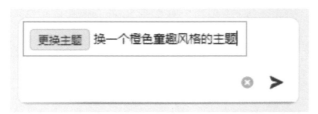

图8.10-4

提交完成后,WPS AI 会自动完成主题的更换,更换完成后,可以在左侧页面内进行预览。如果更换后的模板不符合需求,可以单击"换一换"按钮来

切换模板；如果更换后的模板符合需求，单击"应用"按钮即可，如图 8.10-5
所示。

图8.10-5

 锦囊妙计

1. 如果在更换主题过程中，想要改变主题风格，可以单击"调整"按钮。

2. 用户也可以利用相似的操作步骤来完成 PPT 配色方案与字体方案的一键更换。

云端智能视频创作工具

腾讯智影

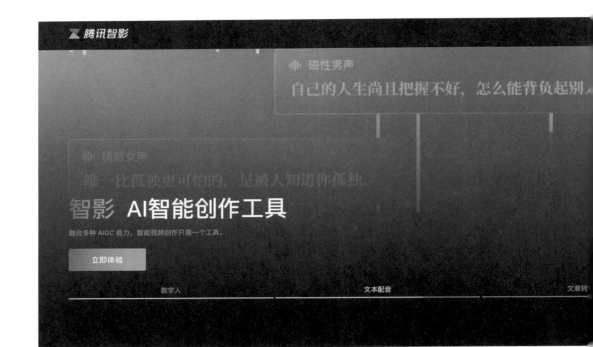

第 9 章

云端智能视频创作工具——腾讯智影

腾讯智影是腾讯公司推出的一款基于云计算技术的智能视频创作平台，旨在为用户提供便捷、高效的视频制作解决方案。它整合了先进的 AI 技术，如自动字幕识别、文本转语音、数字人播报等，使得视频内容的生成更加智能化。

9.1 用腾讯智影定制专属数字人视频

腾讯智影中的数字人播报是基于先进人工智能技术的创新服务，它可以帮助用户快速创建由虚拟数字人主持或播报的视频内容。同时，它还集成了文本配音、智能去水印、模板创作、在线视频剪辑等多种功能，为用户提供了一站式的视频内容创作解决方案。

 操作步骤

借助此功能，用户可以根据自己的需求选择或定制与品牌、内容主题相符的数字人形象，然后输入或上传想要播报的内容，系统就会自动将文本转化为数字人语音和相应的嘴型动画，同时生成包含该数字人播报的视频片段。

第一步 **打开创作页面**

进入腾讯智影首页，注册账号然后登录。在首页单击"数字人播报"按钮，进入数字人创作页面，如图 9.1-1 所示。

图 9.1-1

第二步 选择数字人形象

在页面左侧边栏中单击"数字人"按钮，可以浏览然后选择符合需求的数字人，如图 9.1-2 所示。

图 9.1-2

选择之后，可以在页面中间预览数字人形象，同时可以在右侧数字人编辑面板中对数字人的形象进行调整，包括服装、姿态等，如图 9.1-3 所示。

图 9.1-3

锦囊妙计

除了系统预置的形象，用户也可以单击面板中的"照片播报"选项，然后通过"AI 绘制主播"这个功能来定制和生成专属数字人形象。

第三步 选择背景

选择好数字人形象之后,单击页面左侧边栏中的"背景"按钮,可以选择或者上传背景。单击"自定义"选项,然后单击"本地上传"按钮即可上传所需要的背景图片。上传完成后,单击该图片即可完成选择,如图 9.1-4 所示。

图9.1-4

第四步 明确播报内容

确认好数字人形象和背景之后,返回右侧内容编辑面板,开始编辑播报内容。单击"导入文本"按钮,将需要播报的文档进行上传,如图 9.1-5 所示。

上传完成后,可以检查该段文本是否正确,同时可以根据需求对其进行改写、扩写或者缩写,如图 9.1-6 所示。

图9.1-5

图9.1-6

第五步 选择音色

单击"音色"按钮，会弹出"选择音色"页面，如图 9.1-7 所示。

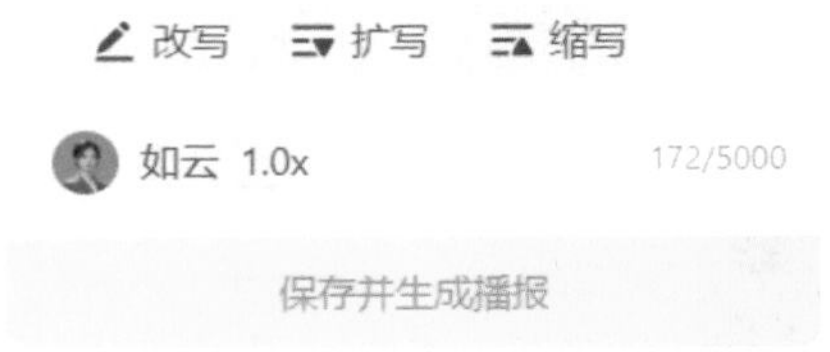

图 9.1-7

在页面中，可以根据需求来选择合适的音色。选择"知识科普"场景，然后单击"如云"这款音色进行试听，如果符合需求，单击"确认"按钮即可，如图 9.1-8 所示。

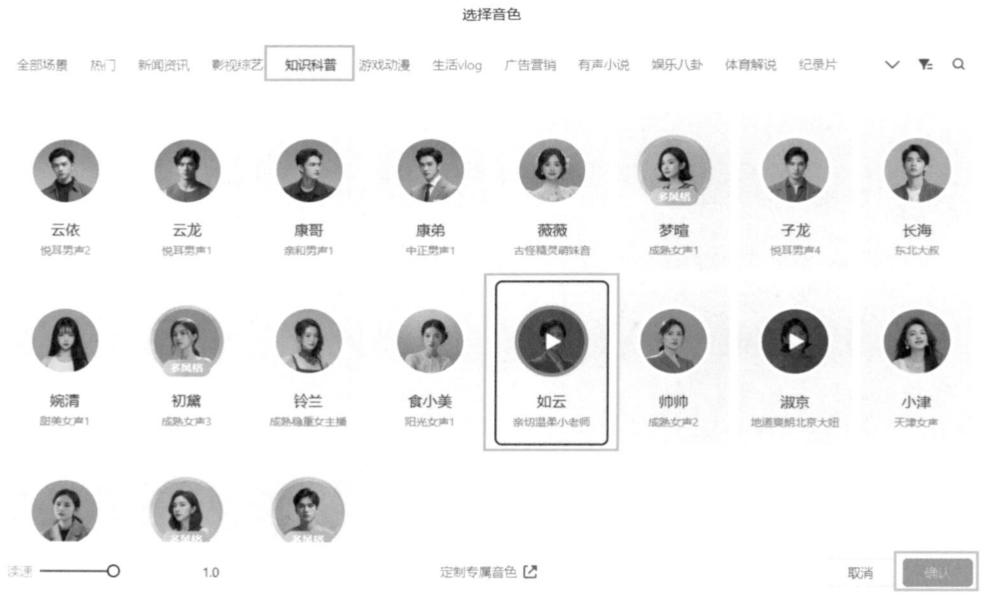

图 9.1-8

第六步 调整字幕样式

单击"字幕样式"选项，可以对生成字幕的字体、颜色、字号等进行调整，如图 9.1-9 所示。

图9.1-9

锦囊妙计

如有需要，可以继续为该段视频添加音乐、贴纸、素材等，在页面左侧边栏中可以找到这些操作按钮。

第七步 预览与合成视频

设置完成后，可以单击播放按钮对视频进行预览，如图 9.1-10 所示。

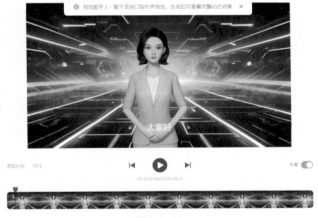

图9.1-10

预览后，觉得视频符合需求，可以单击右上角的"合成视频"按钮，如图
9.1-11 所示。

图9.1-11

在弹出的"合成设置"页面中，可以输入和修改视频名称、选择导出设置等，设置完成后，单击"确定"按钮，如图 9.1-12 所示。

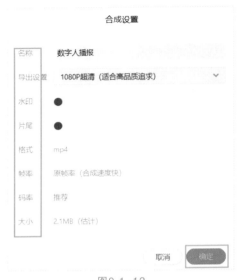

图9.1-12

之后，会弹出一个"功能消耗提示"页面，页面内会提示本次使用数字人的时间和剩余使用时间。确认过内容后，继续单击"确定"按钮，如图 9.1-13 所示。

图9.1-13

锦囊妙计

腾讯智影会给每位新用户一定的时长配额用来创作数字人视频，而每次创作数字人视频时，都会消耗相应的时长配额，如有需要，充值会员可以增加该时长配额。

第八步 查看与下载

在跳转的页面中，可以单击生成的视频，进行重新剪辑、下载和发布等操作，如图 9.1-14 所示。

图9.1-14

 锦囊妙计

　　除了根据上述步骤自行创建数字人视频之外，腾讯智影还为用户提供了许多数字人视频模板，用户可以选择符合需求的模板，然后在模板的基础上进行一定调整，即可快速生成新的数字人视频。

9.2 用腾讯智影进行文本配音

　　文本配音功能是腾讯智影云端智能视频创作平台的一部分，它作为强大的语音合成技术，能够将输入的文字内容自动转换成自然流畅的语音输出。腾讯智影提供了丰富的音色选择和细致的场景划分，让用户可以根据视频或文本的主题和目标受众来选择最合适的音色。

 操作步骤

　　利用腾讯智影为文本配音时，可以导入已有的文本或者让 AI 根据主题生成文本，然后为文本选择合适的音色即可。

第一步 打开创作页面

　　在腾讯智影首页单击"文本配音"工具，进入文本配音页面，如图 9.2-1 所示。

智能小工具

图9.2-1

第二步 输入文本主题

在页面上方的文本框中输入：人工智能的发展，然后单击"创作文章"按钮，如图 9.2-2 所示。

图9.2-2

第三步 输入文本主题

待 AI 生成文本之后，可以在页面内进行检查，确认文本内容无误后，就可以为文本选择音色。单击左侧音色面板内的"新闻资讯"选项，然后将鼠标移至感兴趣的音色上，单击播放按钮进行试听。如果觉得试听的音色符合需求，单击"使用音色"按钮即可，如图 9.2-3 所示。

图9.2-3

锦囊妙计

在音色头像下方会有关于该音色的简单介绍，用户可以先通过这些简介来筛选出自己需要的音色，然后再进行试听。

第四步 选择背景

选择好音色之后，单击右下方"试听"按钮，可以试听该音色给文本的配音。如果觉得符合要求，单击"生成音频"按钮即可，如图 9.2-4 所示。

图 9.2-4

锦囊妙计

1. 如有需要，可以为该段配音添加音乐。

2. 试听配音时，可以对语速、音量大小等进行调整。

第五步 下载音频

在跳转的"我的资源"页面中，可以对生成的音频文件进行重新剪辑或者下载等操作，如图 9.2-5 所示。

图 9.2-5

9.3 用腾讯智影智能抹除字幕

腾讯智影的智能抹除功能是一种高级视频编辑工具，它让用户能够方便地从视频中移除不需要的元素，比如水印、字幕、误入镜头的对象等，从而提升视频内容的专业度和观看体验。

 操作步骤

当需要抹除视频中的水印或者字幕时，可以借助腾讯智影中的智能抹除工具来智能识别并清除视频中指定的内容，并保持视频其余部分不受影响。

第一步 打开智能抹除页面

在腾讯智影首页单击"智能抹除"工具，进入智能抹除页面，如图 9.3-1 所示。

🖼 智能抹除   📝 写作助手

👤 智能抠像   🎥 数字人直播

🔍 视频审阅

图9.3-1

第二步 添加视频

将需要抹除字幕的视频进行添加或上传，如果是通过腾讯智影平台创作的视频，可以单击"我的资源"按钮进行添加；如果是本地保存的其他渠道的视频，则需要单击"本地上传"按钮来进行上传，如图 9.3-2 所示。

🖼 **智能抹除**

添加视频，选择区域，自动去除水印或字幕

添加视频

上传文件不超过1GB

≋ 我的资源   ⬆ 本地上传

图9.3-2

在跳转过后的页面中勾选想要添加或上传的视频，然后单击页面下方"选好了"按钮进行确认，如图 9.3-3 所示。

图9.3-3

在确认上传之前，单击选中的视频可以进行预览播放。

第三步 **明确抹除区域**

添加完成后，可以在视频画面里框选需要被抹除的区域。如果有需要抹除的水印，可以用绿色框选中该区域；如果有需要抹除的字幕，可以用紫色框选中该区域。明确好抹除区域之后，单击"确定"按钮，即可开始抹除，如图 9.3-4 所示。

图9.3-4

锦囊妙计

1. 如果不需要水印框或者字幕框，单击其右上角的删除按钮进行删除即可。

2. 在确认需要抹除的区域时，可以单击视频播放按钮或者拉动进度条来查看每一帧的字幕或者水印的范围大小，然后调整水印框或者字幕框的大小，以保证所有水印或者字幕都被选中。

3. 腾讯智影的智能创作工具功能（包括智能抹除）每天有一定的使用额度限制，非会员每天只有 3 次使用额度，会员每天有 50 次使用额度。

第四步 **查看和下载**

单击"确定"按钮之后，智能抹除工具将开始对视频进行处理。处理完成后，可以在页面内看到抹除完成的视频。如有需要，可以对该视频进行下载或者重新剪辑，如图 9.3-5 所示。

最近作品

图9.3-5

单击该视频，可以播放视频并查看抹除的效果，如图 9.3-6 所示。

图9.3-6

9.4 用腾讯智影文章转视频

腾讯视频的文章转视频功能是一项专为内容创作者设计的便捷工具，它允许用户将已有的文字内容自动转换成视频形式，以便在平台上发布和分享。这项功能对于想要利用现有文章内容扩展到视频领域，但又缺乏专业视频编辑技能或资源的创作者来说尤为有用。

 操作步骤

用户可以在平台内输入想要转换成视频的文本内容，然后确定好成片类型、视频比例、背景音乐等，系统便会自动分析文章内容，选取关键信息点，来生成视频。

第一步 打开文章转视频页面

在腾讯智影首页单击"文章转视频"工具，进入文章转视频页面，如图 9.4-1

所示。

智能小工具

视频剪辑　　　文本配音

文章转视频　　数字人播报

图9.4-1

第二步 获取授权

文章转视频功能需要使用到腾讯视频提供的正版视频素材，因此需要先申请授权。在弹出的页面中单击"免费获取授权"按钮，如图 9.4-2 所示。

海量腾讯视频版权素材

申请授权后即可获得海量版权素材一年使用权

图9.4-2

 锦囊妙计

在单击"免费获取授权"按钮之后，可以按指引和提示注册腾讯视频开发平台的账号（企鹅号），待审核通过后，便可以使用腾讯智影的文章转视频功能。

第三步 确定文章主题

获取授权后，再次进入文章转视频页面，在对话框中输入：人工智能的发展前景，然后单击"AI 创作"按钮即可开始生成文章，如图 9.4-3 所示。

图9.4-3

 **锦囊妙计**

如果不想借助 AI 创作，用户也可以直接在页面下方的文本框中粘贴自己准备好的文章内容。

第四步 生成与润色

在 AI 生成文章之后，如有需要，可以在对话框里输入修改意见，或者单击相应的提示词模板让 AI 进行扩写、缩写或者润色，如图 9.4-4 所示。

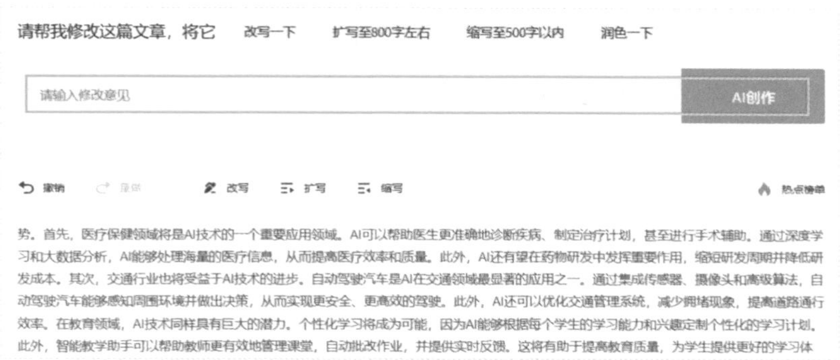

图 9.4-4

第五步 选择成片类型

调整好文章内容后，可以在页面右侧的面板中对视频素材进行设置。单击"成片类型"按钮，如图 9.4-5 所示。

图 9.4-5

在弹出的产品类型页面中选择"通用"类型，然后单击"确定"按钮，如图 9.4-6 所示。

图 9.4-6

第六步 选择视频比例和背景音乐

选择"视频比例"为横屏，单击"背景音乐"按钮，如图9.4-7所示。

图9.4-7

在弹出的背景音乐页面中单击想要选择的音乐，可以进行试听。试听完成后，如果觉得该背景音乐符合需求，单击"添加"按钮即可，如图9.4-8、图9.4-9所示。

图9.4-8

图9.4-9

第七步 选择数字人和朗读音色

用户可以根据需求来决定是否需要在生成的视频中设置数字人，并且为视频选取一款合适的朗读音色。确认好所有设置之后，单击"生成视频"按钮即可开始生成视频，如图 9.4-10 所示。

图9.4-10

第八步 后台生成

生成视频需要一定的等待时间，在弹出的页面中单击"后台生成"按钮可以进行后台生成，生成进度可随时在页面右上角任务中心里进行查看，如图 9.4-11 所示。

图9.4-11

第九步 预览、剪辑与合成

生成视频后，单击右上角"剪辑"按钮可以进入视频编辑页面，对生成的视频进行预览，如图 9.4-12 所示。

图9.4-12

如有需要，可以在此页面内对视频进行剪辑，如添加素材、更换音频、设置数字人等。剪辑完成后，单击页面上方的"合成"与"发布"即可合成与发布视频，如图 9.4-13 所示。

图9.4-13

10

智能集成搜索工具

——秘塔 AI 搜索

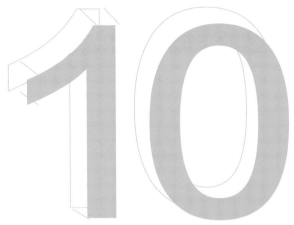

第10章

智能集成搜索工具——秘塔AI搜索

秘塔AI搜索是一款基于先进人工智能技术的新一代智能搜索引擎，它以其独特的功能和优势，在搜索领域中脱颖而出。秘塔AI搜索出色的语义理解、高度个性化的交互体验以及高质量的内容呈现，正在重新定义搜索领域的标准，为用户带来前所未有的智能搜索体验。

10.1 用秘塔AI搜索进行全网搜索

秘塔AI搜索致力于提供干净、无广告的搜索界面，让用户专注于查找的信息本身，享受纯粹的搜索体验。同时，秘塔搜索能够理解用户查询背后的真正意图，并基于之前的对话内容进行上下文理解，逐步细化搜索需求，提供更贴合用户意图的答案。

 操作步骤

第一步 明确搜索内容及范围

进入秘塔AI搜索首页，注册并登录。在对话框中输入：智能手表 市场趋势 竞争对手分析。在"搜索范围"下拉列表框中单击"全网"选项，同时确认高级设置中的"延伸阅读"功能已打开。在对话框下方可以选择搜索模式，单击"深入"按钮，以获取更深入的搜索结果。完成上述设置后，单击对话框内的箭头按钮或者按Enter键进行发送，如图10.1-1所示。

图10.1-1

 锦囊妙计

1. 在输入搜索关键词时，应避免过于宽泛，这样秘塔 AI 能更容易理解你的意图并给出更精确的结果。
2. 与网页端相比，秘塔 AI 搜索移动端的小程序增加了语音识别与输入的功能，增加了使用的便捷性。

第二步 查看结果及分析

生成结果后，可以在跳转的页面内进行查看。将鼠标移至文中的数字标识，会显示相关资料来源和链接，单击该链接，可以直接跳转至该来源页面，如图 10.1-2 所示。

图10.1-2

第三步 延伸阅读

单击搜索结果下方的"延伸阅读"按钮，可以查看与该搜索主题相关的其他分析与报告等，如图 10.1-3 所示。

总体上来看，智能手表市场正处于快速发展阶段，技术创新和消费者需求的增加是推动市场增长的主要因素。同时，市场竞争日益激烈，各大品牌需要不断创新和调整策略以保持其市场地位。

延伸阅读 ⌃

预测了智能手环市场的变化趋势和智能手表的市场主流地位，对市场趋势有重要参考价值。

全面分析了中国智能手表行业的现状和发展前景，是制定竞争和投资战略的重要依据。

智能手环正逐渐"失宠"，智能手表已成为市场主流 - ...
[2024-01-18]

中国智能手表行业现状深度研究与未来前景分析报告（...

图 10.1-3

第四步 **细化搜索需求**

如果初步结果中缺少想要的详细信息，可以利用追问功能来继续搜索。单击"追问"按钮，在弹出的对话框中输入：2023 年第二季度的数据如何，然后单击右侧箭头按钮或者按 Enter 键进行发送，即可得到关于该提问的搜索信息，如图 10.1-4 所示。

↗ 分享　✧ 深度研究　　　　　　　　　　　　追问　⋮

2023年第二季度的数据如何

→

图 10.1-4

 锦囊妙计

单击"深度研究"按钮，则出现的分析结果会更加详细和深入。

第五步 **导出搜索结果**

单击"导出"按钮，可以按所需要的格式导出搜索结果，如图 10.1-5 所示。

图10.1-5

第六步 查阅相关资料和链接

在分析结果下方会列出相关事件、相关组织和参考信息来源及链接，可以根据需求进行查阅。单击题目旁的"筛选"按钮，可以对这些事件、组织的信息进行分类查看，如图 10.1-6 所示。

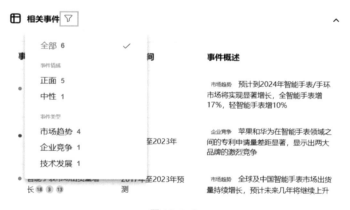

图10.1-6

10.2 用秘塔 AI 搜索生成脑图和演示文稿

秘塔 AI 在提供搜索与分析结果的同时，还可以同步生成相应的大纲、脑图和演示文稿，可以帮助用户有效地梳理问题结构和逻辑，生成的演示文稿大纲也可以为创建和优化相关的演示文稿提供帮助和参考。

操作步骤

用秘塔 AI 搜索生成搜索结果或者分析的文章之后，可以在结果页面右侧查看和下载相应的大纲、脑图，并且生成演示文稿。

第一步 明确搜索内容及范围

进入秘塔 AI 搜索首页，在对话框中输入：人工智能如何为职场赋能，然后单击右侧箭头按钮或者按 Enter 键进行发送，如图 10.2-1 所示。

图10.2-1

锦囊妙计

在发送前，用户可以按自己的需求对搜索范围和搜索模式进行调整。

第二步 查看大纲和脑图

生成结果后，可以在跳转的页面右侧查看大纲和脑图，单击相应的按钮进行切换即可，如图 10.2-2 所示。

图10.2-2

切换到脑图页面后，单击右下方操作按钮可以对脑图进行放大和下载，如图 10.2-3 所示。

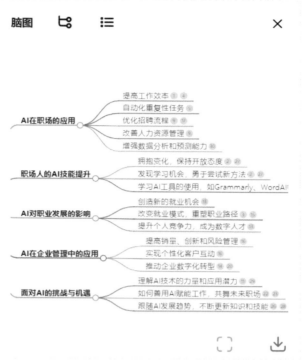

图10.2-3

进入到脑图放大后的页面，单击图中的数字标识，可以跳转至该条的资料来源页面，如图 10.2-4 所示。

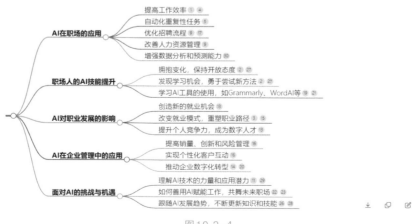

图10.2-4

第三步 **生成演示文稿**

单击"生成演示文稿"按钮，可以将搜索结果和分析生成演示文稿，如图 10.2-5 所示。生成之前，可以单击右侧"筛选"按钮对演示文稿的模板进行选择。

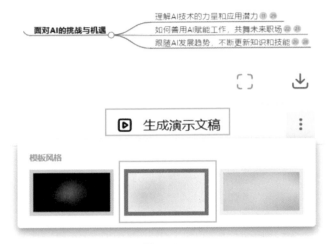

图10.2-5

第四步 **查看与分享演示文稿**

生成演示文稿后，可以逐页进行查看，单击右上角"分享"按钮可以分享演示文稿的链接，如图 10.2-6 所示。

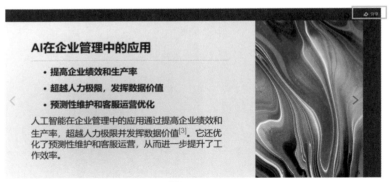

图10.2-6

 锦囊妙计

1. 单击演示文稿里的角标，也可以跳转到相关联的资料网页。

2. 秘塔 AI 搜索生成的演示文稿比较简单，但可以为创建真正完整的演示文稿提供结构、内容方面的灵感与参考。

10.3 用秘塔 AI 搜索收听播客节目

秘塔 AI 搜索的播客功能是指其提供的专门针对播客内容的搜索服务。这一功能让用户能够专注于从海量的音频播客节目中寻找特定的信息或节目。与全网搜索和学术搜索不同，播客搜索针对性地索引和分析播客内容，使得用户在寻找特定话题、嘉宾讨论或是某一档节目时更为便捷。

 操作步骤

用户可以通过关键词搜索直接定位到相关的播客节目，秘塔 AI 搜索会根据关键词推荐相应的播客节目单，帮助用户高效地在播客的海洋中找到他们感兴趣或需要的内容。

第一步 明确搜索内容及范围

进入秘塔 AI 搜索首页，在对话框中输入：人工智能的研究与应用，将搜索范围勾选为"播客"，然后单击对话框右侧箭头按钮或者按 Enter 键进行发送，如图 10.3-1 所示。

图 10.3-1

第二步 查看与收听

生成结果后，可以在页面内看到秘塔 AI 推荐的播客节目列表。将鼠标移至播客标题位置，在弹出页面单击"介绍"按钮，可以查看节目介绍，如图

10.3-2 所示。

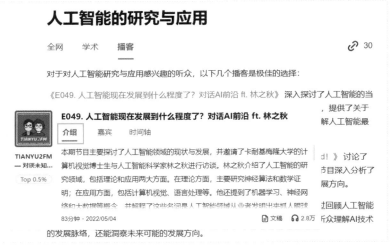

图10.3-2

单击"嘉宾"按钮，可以查看该节目的嘉宾简介，如图 10.3-3 所示。

图10.3-3

单击"时间轴"按钮，可以查看该节目的时间轴及每个时间段的讨论点。同时，时间轴里还提供了跳转链接，单击该链接，可以直接跳转到相关的位置进行收听，如图 10.3-4、10.3-5 所示。

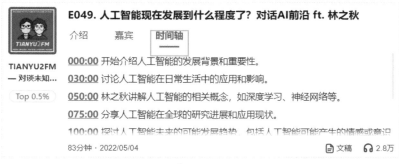

图10.3-4

E049. 人工智能现在发展到什么程度了? 对话AI前沿 ft. 林之秋

TIANYU2FM —— 对谈未知领域

解读大数据、人工智能、深度学习等概念、分享人工智能发展现状。

人工智能在最近的十年中成为了人尽皆知的话题，也是当之无愧的热门研究领域。我们在抖音上刷到的内容、外卖软件的排序，甚至是掏出手机拍照呈现出的图像，全部都有人工智能的算法参与。这意味着 人工智能实际上已经在影响我们对世界的感官和认知。我们如何感知所谓，所思所做，都受到人工智能应用

将从30:00 开始播放

30:00   83:54

去小宇宙收听

图10.3-5

第三步 查看其他节目

除了推荐的播客节目，在搜索结果页面还能看到其他相关的播客内容，用户可以选择自己感兴趣的播客进行查看与收听，如图 10.3-6 所示。

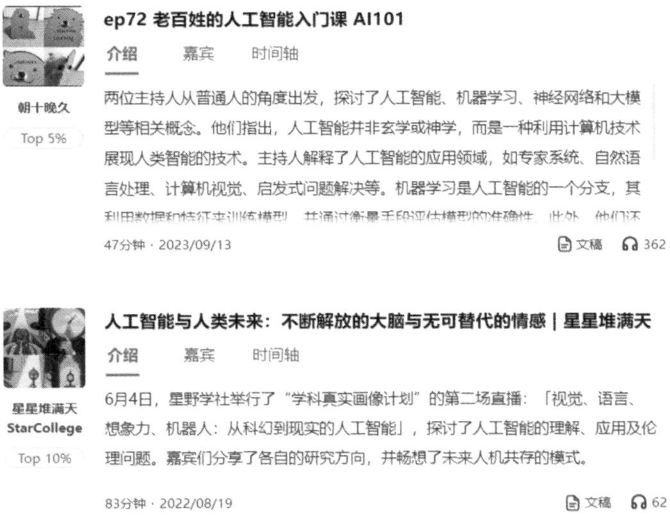

朝十晚久

Top 5%

ep72 老百姓的人工智能入门课 AI101

介绍   嘉宾   时间轴

两位主持人从普通人的角度出发，探讨了人工智能、机器学习、神经网络和大模型等相关概念。他们指出，人工智能并非玄学或神学，而是一种利用计算机技术展现人类智能的技术。主持人解释了人工智能的应用领域，如专家系统、自然语言处理、计算机视觉、启发式问题解决等。机器学习是人工智能的一个分支，其利用数据和特征来训练模型，并通过衡量手段评估模型的准确性。此外，他们还

47分钟 · 2023/09/13   文稿   362

星星堆满天
StarCollege

Top 10%

人工智能与人类未来：不断解放的大脑与无可替代的情感 | 星星堆满天

介绍   嘉宾   时间轴

6月4日，星野学社举行了"学科真实画像计划"的第二场直播：「视觉、语言、想象力、机器人：从科幻到现实的人工智能」，探讨了人工智能的理解、应用及伦理问题。嘉宾们分享了各自的研究方向，并畅想了未来人机共存的模式。

83分钟 · 2022/08/19   文稿   62

图10.3-6

锦囊妙计

单击"文稿"按钮，可以查看该播客的音频文稿。